机械制图

基础训练与任务书

主　编　陆玉兵　马　辉
副主编　王　媛　周文兵　李建设

北京理工大学出版社
BEIJING INSTITUTE OF TECHNOLOGY PRESS

内 容 简 介

本"机械制图基础训练与任务书"是在对传统的配套习题集内容进行优化整合的基础上,采用"任务驱动"式模式编写而成的,内容包含平面几何图形绘制尺寸标注、基本体三视图绘制、组合体三视图绘制与识读、机件结构的表达方法、标准件与常用件视图绘制、零件图绘制与识读、装配图的画法与识读和机械零部件测绘 8 个项目,共分 30 个教学任务,每个学习任务又分为课前预习、任务实施和基础训练三部分,以方便学生课前、课中和课后学习使用,其中课前预习内容为线上资源,扫二维码即可浏览。在进行教学和学习时,本"机械制图基础训练与任务书"需与陆玉兵、马辉主编的《机械制图与公差配合》(附机械制图基础训练与任务书)教材配套使用,本书共设置有任务设置,既能体现图形学原理,又能表现较强实践性,以满足不同专业学生学习需要。

本《机械制图基础训练与任务书》是在总结编者近年来"机械制图"课程教学改革经验的基础上编写而成的,全部内容采用活页形式,以方便教师在教学过程中采用过程性考核,编排次序与教材的体系一致。本"机械制图基础训练与任务书"适合作为高职高专院校及成人高等学院机械类、近机类和电类专业的制图教学用书,也可供其他机械类专业和工程技术人员使用和参考。

目　　录

项目一　平面几何图形绘制尺寸标注 …………………………………………………………（1）
项目二　基本体三视图绘制 ……………………………………………………………………（12）
项目三　组合体三视图绘制与识读 ……………………………………………………………（42）
项目四　机件结构的表达方法 …………………………………………………………………（70）
项目五　标准件与常用件视图绘制 ……………………………………………………………（94）
项目六　零件图绘制与识读 ……………………………………………………………………（117）
项目七　装配图的画法与识读 …………………………………………………………………（138）
项目八　机械零（部）件测绘 …………………………………………………………………（153）

项目一　平面几何图形绘制尺寸标注

任务1：机械制图国家标准认知——任务实施

一、任务名称：线型练习
二、目的、内容和要求
1. 目的
（1）了解标准、标准化、标准级别、标准的编号与名称等标准化相关概念及其含义，培养严格执行国家标准的基本意识。
（2）学会并初步掌握使用绘图仪器和工具的方法与绘图步骤，掌握国家标准对图纸幅面、字体、比例、线型等的内容规定，初步体验工程绘图实践的基本训练，培养严格贯彻国家标准能力和良好的职业习惯。
2. 内容
抄画右边"线型练习"图形，并标注尺寸。
3. 要求
作图准确，布局适当，线型规范，连接光顺，过渡自然，字体工整，符合国标，图面整洁。
三、步骤及注意事项
（1）绘图前应仔细分析研究，精心布置图形，确定正确的作图步骤。在图面布置时还应考虑预留标注尺寸的位置。
（2）线型：粗实线宽度为 0.5~0.7 mm，虚线及细实线等细线宽度为 0.25~0.35 mm，虚线长度约 4 mm，间隙 1 mm，点画线长 15~20 mm，间隙及点共约 3 mm。
（3）字体：图中的汉字均写成长仿宋体，标题栏内图名及图号为 10 号字，校名为 7 号字，姓名写在"制图"栏内，用 5 号字。
（4）箭头：宽为 0.5~0.7 mm，长不小于宽的 6 倍。
（5）先画底稿线，后加粗描深，底稿完成后，应仔细检查、校核。
（6）加深时注意：先加深圆弧线，再加深直线；直线加深时先加深水平线，再加深竖直线，最后加深倾斜线；加深水平线时自上而下加深，加深竖直线时自左而右加深。

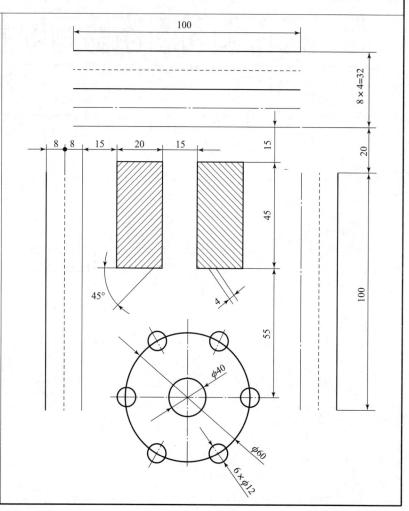

班级　　　　　　姓名　　　　　　学号

任务1：机械制图国家标准认知——基础训练

1. 字体练习（按照下列字例书写长仿宋字）

横平竖直起落有锋结构匀称填满方格标题栏零件绘图

部件设计职业技术学院螺栓垫圈开口销弹簧滚动轴承表面粗糙度基础教程

0123456789　　abcdefghijklmnopqrsuvx

班级　　　　　姓名　　　　　学号

任务1：机械制图国家标准认知——基础训练

2. 根据图（a）中文字说明指出尺寸注法错误，并在图（b）中给出正确的注法。

3. 正确标注下图中尺寸，尺寸数字从图中量取并圆整。

(1)

(2)

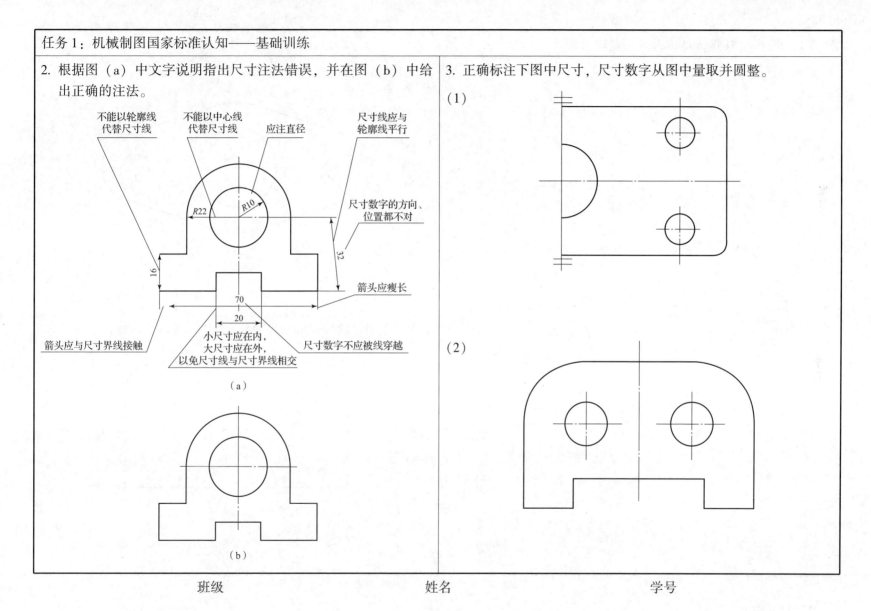

| 班级 | 姓名 | 学号 |

任务1：机械制图国家标准认知——基础训练

4. 正确标注下图中尺寸，尺寸数字从图中量取并圆整。

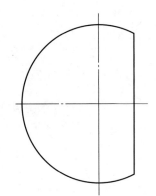
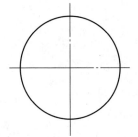

5. 正确标注下图中尺寸，尺寸数字从图中量取并圆整。

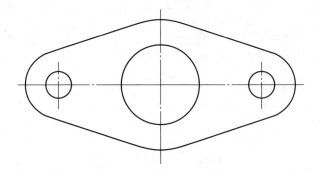

6. 正确标注下图中尺寸，尺寸数字从图中量取并圆整。

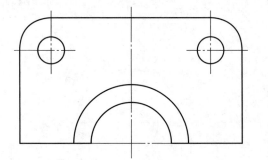

班级　　　　姓名　　　　学号

任务1：机械制图国家标准认知——基础训练

7. 正确标注下图中尺寸，尺寸数字从图中量取并圆整。

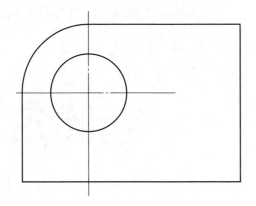

8. 标注图中平面图形的尺寸，尺寸数字从图中量取并取整数。

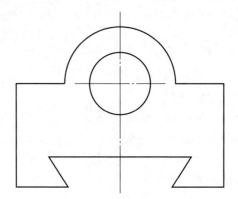

9. 标注图中平面图形的尺寸，尺寸数字从图中量取并取整数。

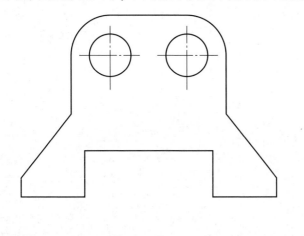

10. 标注图中平面图形的尺寸，尺寸数字从图中量取并取整数。

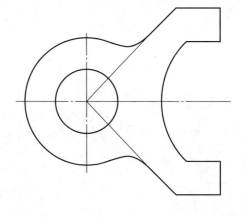

班级　　　　　　姓名　　　　　　学号

任务2：使用绘图工具绘制几何图形——任务实施

一、任务名称：几何作图

二、目的、内容与要求

1. 目的

（1）掌握常用的绘图工具和仪器的使用方法，养成正确使用常用的绘图工具和仪器的习惯。

（2）掌握线段等分、圆弧连接、圆周的等分及四心圆弧法画椭圆方法，培养正确绘制圆弧连接、圆周的等分及四心圆弧法画椭圆基本绘图能力。

（3）掌握斜度和锥度的概念、计算、画法及标注，培养正确表达机件上斜度和锥度结构基本能力。

2. 内容

根据要求，完成如右题1－3所示斜度、锥度和圆弧连接画法，并进行标注。

3. 要求

作图准确，布局适当，线型规范，连接光顺，过渡自然，字体工整，符合国标，图面整洁。

1. 参照示意图，完成1：4斜度图形作图。

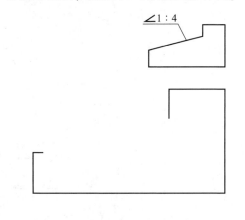

2. 参照示意图，完成1：3锥度图形作图。

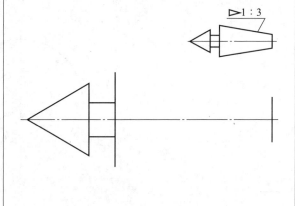

3. 参照图例所给尺寸，用1：1的比例完成下图中的线段连接，并标记出圆弧的圆心和切点。

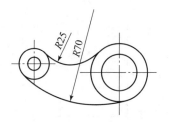

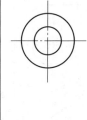
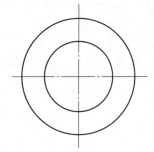

班级　　　　　姓名　　　　　学号

任务 2：几何图形绘制——基础训练

1. 以 40 mm 为外正方形边长尺寸，抄画图形。

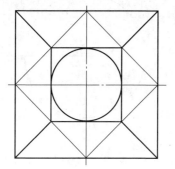

2. 以 40 mm 作为外圆直径尺寸，抄画图形。

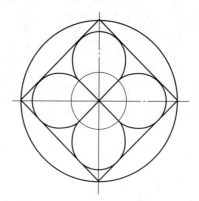

班级　　　　　姓名　　　　　学号

任务2：几何图形绘制——基础训练

3. 将线段 AB 七等分（平行线法）。

A _____ B

4. 作圆的内接正六边形。

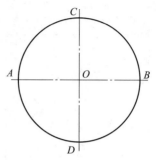

5. 已知椭圆长轴70，短轴45，用近似画法绘制椭圆。

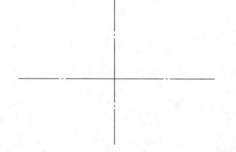

6. 已知圆弧半径 R，完成两已知直线段间圆弧连接。

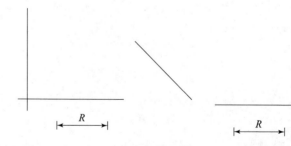

班级　　　　　　姓名　　　　　　学号

任务2：几何图形绘制——基础训练

7. 已知圆弧半径 R，完成两已知圆弧间圆弧连接（外切）。

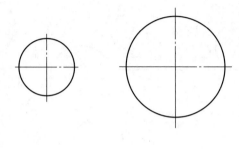

9. 参照图例所给尺寸，用1∶1的比例完成下图中的线段连接，并标记出圆弧的圆心和切点。

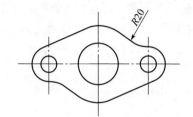

8. 已知圆弧半径 R，完成两已知圆弧间圆弧连接（内切）。

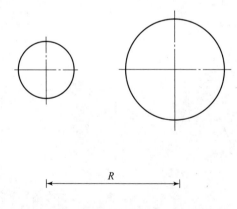

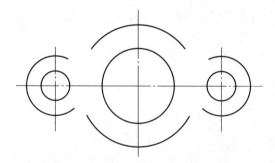

班级　　　　　姓名　　　　　学号

任务3：平面图形的分析和作图——任务实施

一、任务名称：几何作图
二、目的、内容与要求

1. 目的：

掌握平面图形的图形分析方法、画法及尺寸标注方法，培养绘制平面几何图图形，并正确、齐全地对其进行尺寸标注能力。

2. 内容：从图1－图3中任选一个或两个图形，抄画并标注尺寸。

3. 要求：作图准确，布局适当，线型规范，连接光顺，过渡自然，字体工整，符合国标，图面整洁。

三、步骤及注意事项

（1）绘图前应仔细分析研究，精心布置图形，确定正确的作图步骤。在图面布置时还应考虑预留标注尺寸的位置。

（2）绘制零件轮廓图时，特别要注意圆弧连接的各切点及圆心位置必须正确作出。

（3）线型：粗实线宽度为 0.5～0.7 mm，虚线及细实线等细线宽度为粗实线的 1/2，虚线长度约 4 mm，间隙 1 mm，点画线长为 15～20 mm，间隙及点共约 3 mm。

（4）字体：图中的汉字均写成长仿宋体，标题栏内图名及图号用10号字，校名用7号字，姓名用5号字。

（5）箭头：宽为 0.5～0.7 mm，长不小于宽的 6 倍。

（6）完成底稿后，经仔细校核后方可加深。

（7）加深时注意：先加深圆弧线，再加深直线；直线加深时先加深水平线，再加深竖直线，最后加深倾斜线；加深水平线时自上而下加深，加深竖直线时自左而右加深。

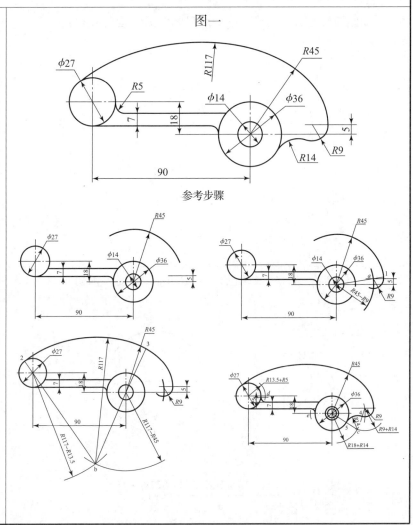

图一

参考步骤

班级　　　　　　　姓名　　　　　　　学号

任务3：平面图形的分析和作图——任务实施

图二

图三

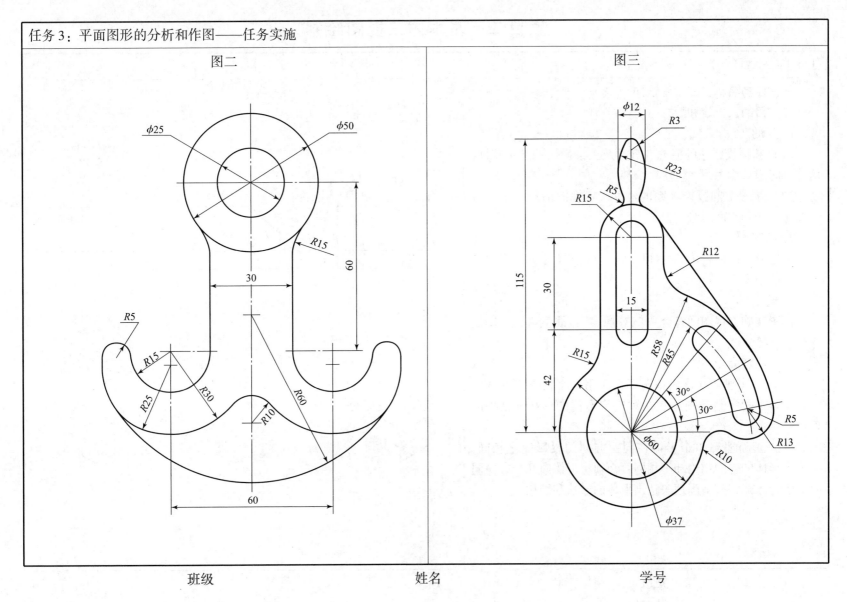

班级　　　　　姓名　　　　　学号

项目二 基本体三视图绘制

任务1：三视图认知——任务实施

一、任务名称：三视图认知

二、目的、内容和要求

1. 目的

（1）掌握投影法的概念、分类及正投影法的基本特性，培养空间想象能力。

（2）掌握空间投影体系的建立、三视图的形成及其投影规律，培养空间思维转换能力。

2. 内容

根据形体的主视图和立体图形，在此页面上完成右边三个形体的俯视图。

3. 要求

作图准确，视图间符合"三等规律"，线型规范，图面整洁。

三、注意事项

（1）正确理解在许多情况下，只用一个投影不加任何注解，是不能完整清晰地表达和确定形体的形状和结构的原因。

（2）正确理解3个形体在同一方向的投影完全相同，但3个形体的空间结构却不相同，必须将形体向几个方向同时投影，才能完整清晰地表达出形体的形状和结构。

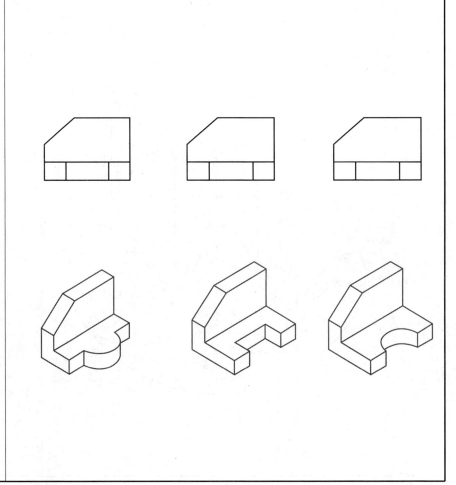

班级　　　　　　姓名　　　　　　学号

任务1：三视图认知——基础训练

1. 在下图中分别用引线指出投影中心、几何要素、投射线、投影面和投影 5 个要素。

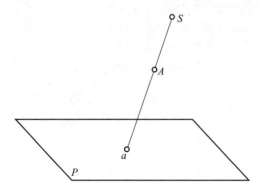

2. 根据正投影法的基本投影特性（真实性），在投影面 H 上完成直线 AB 和平面 CDE 的投影，并按规定进行标记。

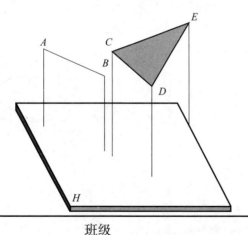

3. 根据正投影法的基本投影特性（积聚性），在投影面 H 上完成直线 AB 和平面 CDE 的投影，并按规定进行标记。

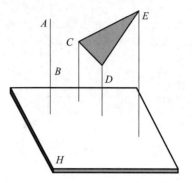

4. 根据正投影法的基本投影特性（类似性），在投影面 H 上完成直线 AB 和平面 CDE 的投影，并按规定进行标记。

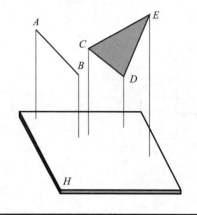

| 班级 | 姓名 | 学号 |

任务1：三视图认知——基础训练

5. 根据立体图形，按三视图间的对应关系描深俯视图。

6. 根据立体图形，按三视图间的对应关系描深左视图。

7. 根据立体图形，按三视图间的对应关系描深左视图。

8. 根据立体图形，按三视图间的对应关系描深俯视图。

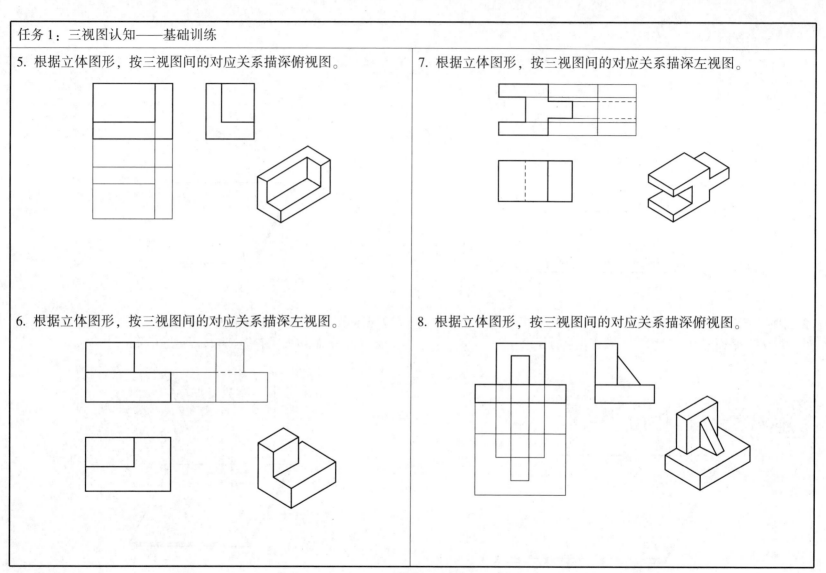

班级　　　　姓名　　　　学号

任务1：三视图认知——基础训练

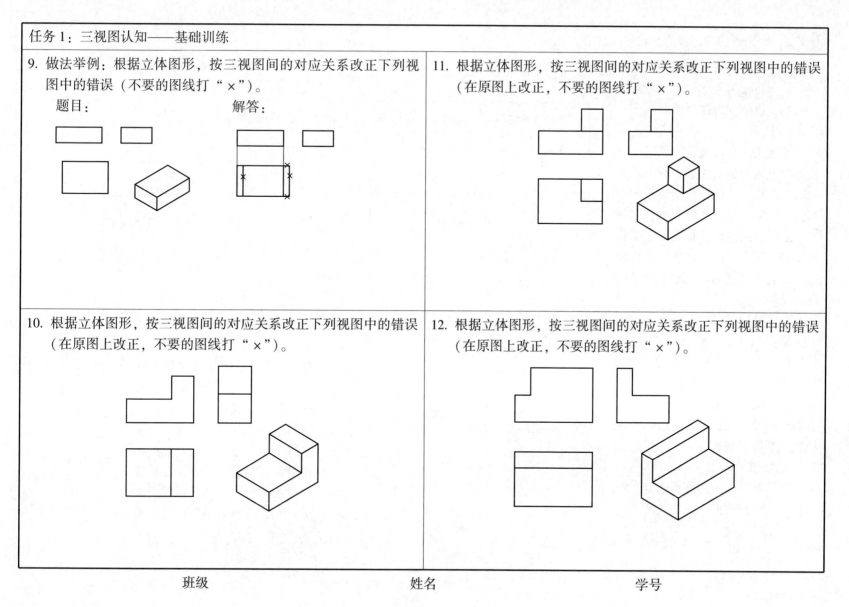

任务2：空间点的三面投影作图——任务实施

一、任务名称：空间点三面投影作图

二、目的、内容和要求

1. 目的

掌握点的三面投影、点的三面投影与直角坐标的关系、空间点的三面投影规律、特殊位置点的投影特性、空间两相对位置点的投影特性、重影点的投影特性及其可见性等基础知识和点的三面投影的作图方法，进一步培养空间思维转换能力。

2. 内容

根据空间 A、B、C 各点相对投影面的距离，求作各点的三面投影（解答1），再根据各点的三面投影，在投影体系中描绘出各点位置（解答2），并判断各点间相互位置关系（解答3）。

3. 要求

作图准确，视图间符合点的投影规律，线型规范，图面整洁。

题目：

空间点	距 H 面	距 V 面	距 W 面
A	20	10	15
B	0	20	0
C	30	0	25

解答2：

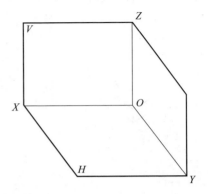

解答1：

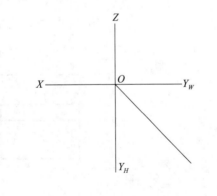

解答3（答出位置关系和距离大小两方面内容）：

(1) 空间点 A 与点 B 左右位置关系：_____；
(2) 空间点 A 与点 B 上下位置关系：_____；
(3) 空间点 A 与点 B 前后位置关系：_____；
(4) 空间点 A 与点 C 左右位置关系：_____；
(5) 空间点 A 与点 C 上下位置关系：_____；
(6) 空间点 A 与点 C 前后位置关系：_____；
(7) 空间点 B 与点 C 左右位置关系：_____；
(8) 空间点 B 与点 C 上下位置关系：_____；
(9) 空间点 B 与点 C 前后位置关系：_____。

班级　　　　　姓名　　　　　学号

任务2：空间点的三面投影作图——基础训练

1. 根据点在空间的位置关系（上图）作出各点的三面投影（下图），并标明可见性。（各点相互间距离按1∶1从空间关系图中量取）

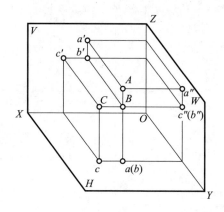

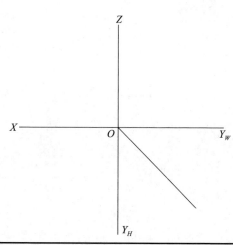

2. 已知点 A 距 W 面 20 mm；点 B 与点 A 在 W 面上的投影重合；点 C 与点 A 是对正面的重影点，其 Y 坐标为 30 mm；点 D 在点 A 的正下方 20 mm。补全各点的三面投影，并标明其可见性。

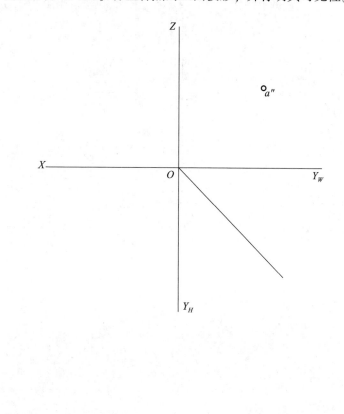

班级　　　　　　姓名　　　　　　学号

任务2：空间点的三面投影作图——基础训练

3. 已知 A（25，10，20）、B（10，20，20）两点的坐标，在下图中作出 A、B 两点的三面投影。

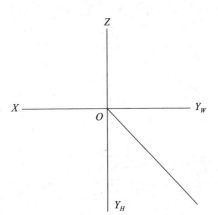

4. 已知 C（20，15，25）、D（20，10，15）两点的坐标，在下图中作出 C、D 两点的三面投影。

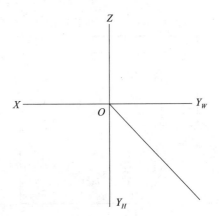

班级　　　　　姓名　　　　　学号

任务2：空间点的三面投影作图——基础训练

5. 已知点 A 和点 B 的三面投影，测量出各点相对于投影面的空间距离［单位为毫米（mm），并圆整］，判断出两点间相互位置关系（上方或下方、左边或右边、前面或后面），并将结果填在下表和空格中。

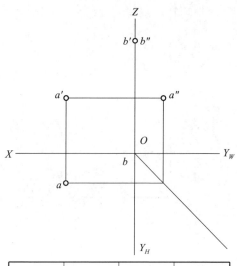

点	距 H 面	距 V 面	距 W 面
A			
B			

相互位置关系：点 A 在点 B 之（　　　）、（　　　）、（　　　）

6. 已知梯形体的立体图形和形体上 A、B 和 C 3 点的两个投影，在下图中求出各点的三面投影，并判断出各点坐标大小（填"大"或"小"）。

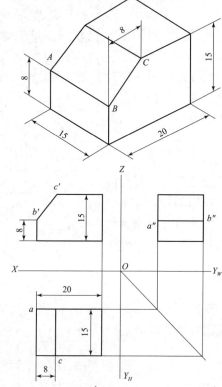

(1) X_B 比 X_A _____、Y_B 比 Y_A _____、Z_B 比 Z_A _____；
(2) X_C 比 X_A _____、Y_C 比 Y_A _____、Z_C 比 Z_A _____；
(3) X_B 比 X_C _____、Y_B 比 Y_C _____、Z_B 比 Z_C _____；

任务3：空间直线的三面投影作图——任务实施

一、任务名称：空间直线的三面投影作图

二、目的、内容和要求

1. 目的

掌握空间直线的三面投影作图方法、各种位置直线的投影特性、直线上点的投影特性、空间两相对位置直线的投影等基础知识和直线的三面投影的作图方法，进一步培养空间思维转换能力。

2. 内容

根据空间位置直线相对投影面的位置参数和一投影面投影，求作各直线的另两面投影（子任务1），根据直线上点的投影特性，求作该点的各面投影（子任务2）。

3. 要求

作图准确，视图间符合点的投影规律，线型规范，图面整洁。

子任务1：

已知水平线 AB 在 H 面上方 20 mm，另直线 CD 为一铅垂线，且该直线（CD）到 V 面及 W 面的距离相等，求作直线 AB、CD 的其余两面投影，并判定 AB、CD 两直线间相对位置关系（平行、相交、交叉）。（保留作图痕迹）

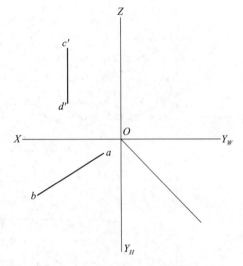

AB、CD 两直线间相对位置关系是：_____

子任务2：

已经直线 AB 两面投影，在直线 AB 上有一点 C 分 AB 为 AC：CB = 5：2；另有一点 K 到 H 面的距离为 15 mm，求作直线 AB 第三面投影和点 C、K 的三面投影。（保留作图痕迹）

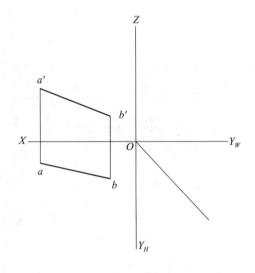

C、K 两点间相对位置关系是（以点 K 为参考点）：

_____

班级　　　　　姓名　　　　　学号

任务3：空间直线的三面投影作图——基础训练

1. 根据下列直线在空间投影体系中的投影情况（直观图），选出其相应的两面投影，将序号填写在括号中；作出各直线的第三面投影，并判断各直线对投影面的相对位置特性，并将结果填写在横线上。

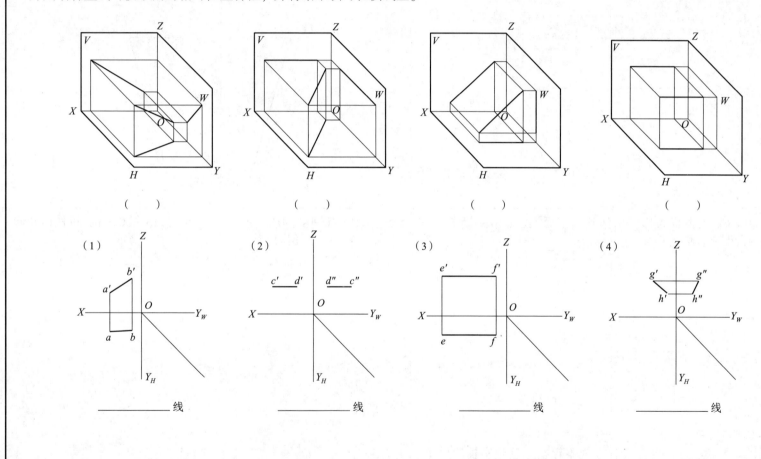

任务3：空间直线的三面投影作图——基础训练

2. 已知直线 AB 的两面投影，求作其第三面投影，并判断其空间位置，说明其投影特性。

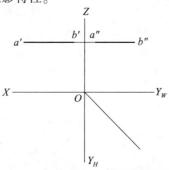

AB 是_____线，_____（存在或不存在）反映实长的投影，投影_____反映实长。

3. 已知直线 CD 的两面投影，求作其第三面投影，并判断其空间位置，说明其投影特性。

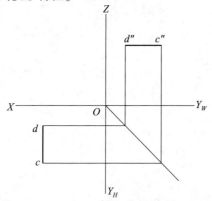

CD 是_____线，_____（存在或不存在）反映实长的投影，投影_____反映实长。

4. 已知点 C 把 AB 分成 AC：CB = 4：3，利用直线上点的投影特性求作分点 C 的两面投影。

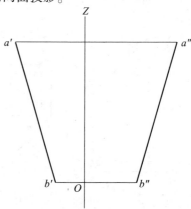

5. 过点 A 做正平线 AB，使倾角 α = 30°，AB = 30 mm，可作出几情况？在下图中任作出其中一解。

答：可作出_____情况。

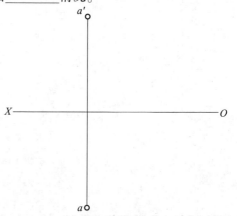

任务3：空间直线的三面投影作图——基础训练

6. 判断下列两直线的相对位置（平行、相交、交叉），并将结果填写在下方括号内。

(1)
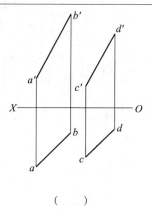
（　　）

(3)
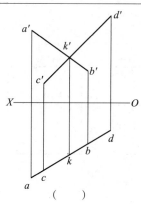
（　　）

(2)
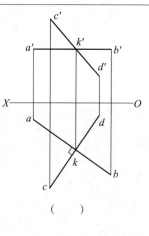
（　　）

(4)
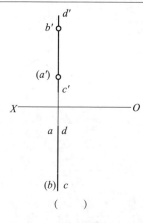
（　　）

班级　　　　　　　姓名　　　　　　　学号

任务3：空间直线的三面投影作图——基础训练

7. 结合立体图形，在三视图中标注出直线 *AB*、*CD* 的另两面投影的标记符号，在立体图中标注出点 *A*、*B*、*C*、*D* 位置，并在下方括号中填写说明两直线空间位置。

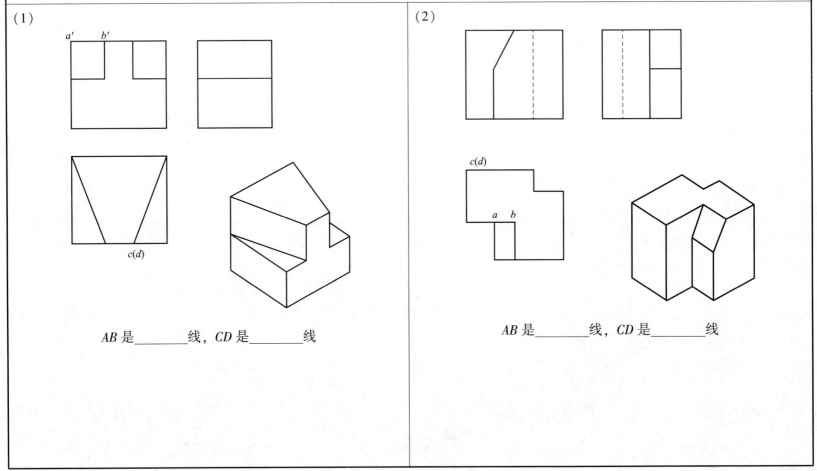

（1）　　*AB* 是_____线，*CD* 是_____线

（2）　　*AB* 是_____线，*CD* 是_____线

班级　　　　　　姓名　　　　　　学号

任务4：空间平面的三面投影作图——任务实施

一、任务名称：空间平面的三面投影作图

二、目的、内容和要求

1. 目的

掌握空间各种位置平面的投影特性、空间平面上直线和点的投影特性和作图方法、空间平面上直线和点的从属性判定等基础知识，初步培养空间构型能力。

2. 内容

根据空间平面的两面投影，求作该平面的三面投影（子任务1）；根据平面上的点、线的投影特性补全多边形（边数大于3）其他投影面投影（子任务2）。

3. 要求

作图准确，视图间符合点的投影规律，线型规范，图面整洁。

子任务1：已知空间一平面图形的两个投影（如下图），求作它的第三投影，并判断该平面在空间相对于投影面的位置关系。（保留作图痕迹）

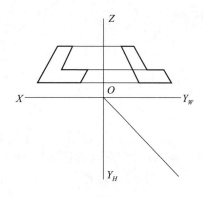

该平面在空间相对于投影面的位置关系是：_____

子任务2：根据空间平面和平面上线、点的投影特性，完成下图五边形 ABCDE 的两面投影，并判断该平面在空间相对于投影面的位置关系。（保留作图痕迹）

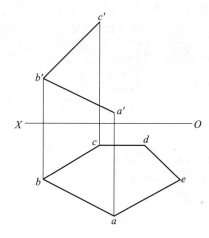

该平面在空间相对于投影面的位置关系是：_____

班级　　　　姓名　　　　学号

任务4：空间平面的三面投影作图——基础训练

1. 根据平面图形的两个投影，求作它的第三投影，并判断该平面的空间位置。

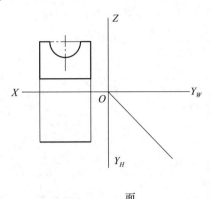

_____面

3. 已知平面图形的两面投影，求作第三面投影，并判断该平面的空间位置。

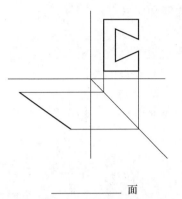

_____面

2. 根据平面图形的两个投影，求作它的第三投影，并判断该平面的空间位置。

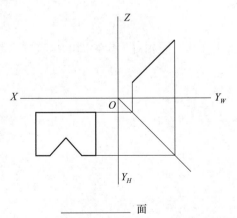

_____面

4. 已知平面图形的两面投影，求作第三面投影，并判断该平面的空间位置。

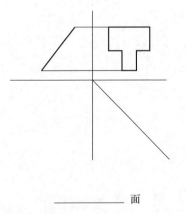

_____面

班级　　　　　　　　　　姓名　　　　　　　　　　学号

任务4：空间平面的三面投影作图——基础训练

5. 已知一正垂面 P 与 H 面倾角为 30°，求作 V、W 面投影。

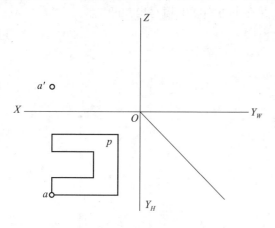

7. 根据 A、B、C、D 四点及其连线的两面投影，判断点 A、B、C、D 是否能构成一个平面图形（能或不能）。

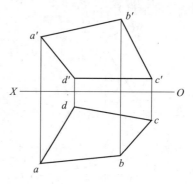

A、B、C、D 点_____构成一个平面图形

6. 求作一包含直线 AB 的正方形，使该平面垂直于 H 面。

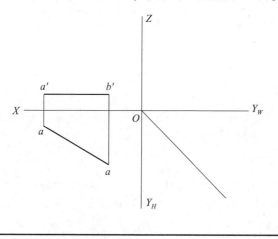

8. 已知平行四边形 ABCD 的两面投影，在 ABCD 上求作一点 E，使 E 点距 H 面为 10 mm。

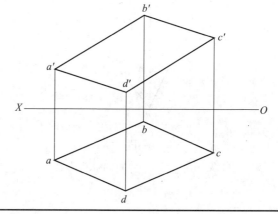

班级　　　　　　姓名　　　　　　学号

任务4：空间平面的三面投影作图——基础训练

9. 运用平面上线、点的投影特性，作图判断点 K 和直线 MS 是否在△MNT 平面上，并在下方横线上填写出判断结果（"在"或"不在"）。(保留作图痕迹)

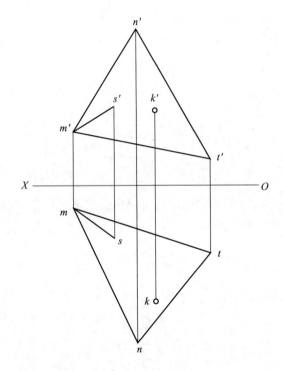

点 K _____ 平面 MNT 上；
直线 MS _____ 平面 MNT 上。

10. 已知四点的两面投影，作图判断点 A、B、C、D 是否在同一平面上，并在下方横线上填写出判断结果（"在"或"不在"）。(保留作图痕迹)

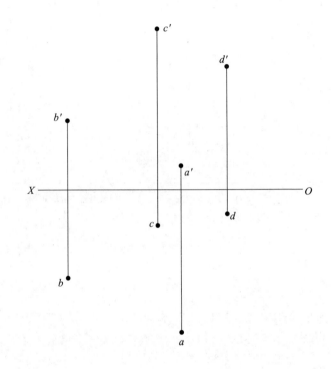

点 A、B、C、D _____ 在同一平面上。

班级　　　　　　姓名　　　　　　学号

任务4：空间平面的三面投影作图——基础训练

11. 根据右下角立体图形，在三视图上注全平面 P、Q 和直线 AB、CD 的三面投影，并判定它们相对投影面的位置，将结果填写在下方的横线上。

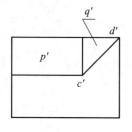
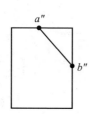
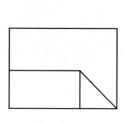
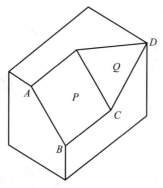

直线 AB 是_____线，直线 CD 是_____线。
平面 P 是_____面，平面 Q 是_____面。

12. 根据右下角立体图形，在三视图上注全平面 P、Q 和直线 AB、CD 的三面投影，并判定它们相对投影面的位置，将结果填写在下方的横线上。

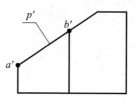

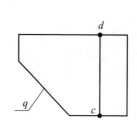
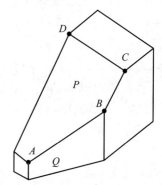

直线 AB 是_____线，直线 CD 是_____线。
平面 P 是_____面，平面 Q 是_____面。

班级　　　　　　姓名　　　　　　学号

任务5：基本几何体的三面投影作图——任务实施

一、任务名称：基本几何体三面投影作图

二、目的、内容和要求

1. 目的

（1）掌握棱柱、棱锥等平面立体的三视图画法及其表面上取点、取线的作图方法，培养空间思维与空间构型能力。

（2）掌握圆柱、圆锥等曲面立体的三视图画法及其表面上取点、取线的作图方法，培养空间思维与空间构型能力。

2. 内容

斜切五棱柱形体的两面投影，运用几何体表面取点的方法补全该形体的第三面投影（子任务1）；根据斜切圆柱形体的两面投影，运用几何体表面取点的方法补全该形体的第三面投影（子任务2）。

3. 要求

作图准确，视图间符合点的投影规律，线型规范，图面整洁。

子任务1：根据斜切五棱柱形体的两面投影，运用几何体表面取点的方法补全该形体的第三面投影。

（保留作图痕迹）

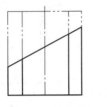

子任务2：根据斜切圆柱形体的两面投影，运用几何体表面取点的方法补全该形体的第三面投影。

（保留作图痕迹）

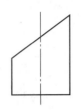

班级　　　　姓名　　　　学号

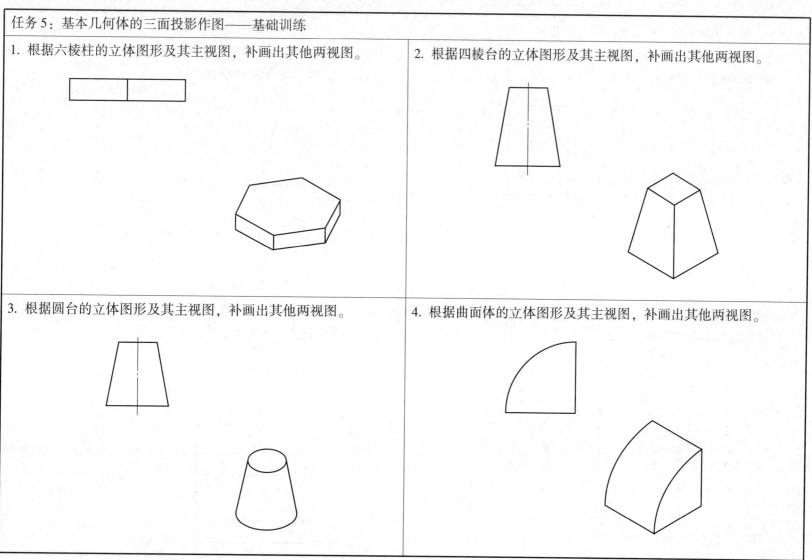

任务5：基本几何体的三面投影作图——基础训练

5. 根据四棱柱的两面投影及其表面点的一面投影，补全其第三面投影及其表面点的另两面投影。

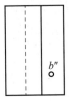

6. 根据三棱锥的两面投影及其表面点的一面投影，补全其第三面投影及其表面点的另两面投影。

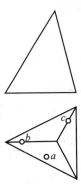

7. 根据四棱台的两面投影及其表面点的一面投影，补全其第三面投影及其表面点的另两面投影。

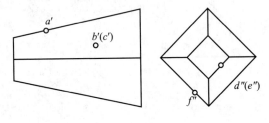

8. 根据六棱柱的两面投影及其表面点的一面投影，补全其第三面投影及其表面点的另两面投影。

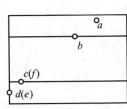

班级　　　　　　姓名　　　　　　学号

任务 5：基本几何体的三面投影作图——基础训练

9. 根据圆柱的两面投影及其表面点的一面投影，补全其第三面投影及其表面点的另两面投影。	10. 根据圆锥的两面投影及其表面点的一面投影，补全其第三面投影及其表面点的另两面投影。
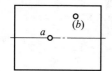	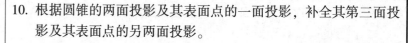
11. 根据形体的两面投影，补全其第三面投影。	12. 根据形体的两面投影，补全其第三面投影。
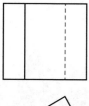	

班级　　　　　　姓名　　　　　　学号

任务6：截交线视图绘制——任务实施

一、任务名称：同轴回转体截交线视图绘制

二、目的、内容和要求

1. 目的

（1）掌握截交线的概念和性质、平面与平面立体相交和平面与曲面立体相交截交线的形状。

（2）进一步掌握截交线的求法（近似法），熟悉掌握截交体三面投影的作图方法和步骤，培养空间思维与空间构型能力。

2. 内容

运用 A4 图幅，抄画如图所示形体的两面投影，并补画第三视图，标注尺寸，绘制并填写标题栏。

3. 要求

（1）作图准确，布局适当，线型规范，连接光顺，过渡自然，字体工整，符合国标，图面整洁。

（2）保留截交线上特殊点的投影作图线痕迹。

三、步骤及注意事项

（1）绘图前应仔细分析研究，精心布置图形，确定正确的作图步骤。在图面布置时还应考虑预留标注尺寸的位置。

（2）分析截交线的形状，确定画图步骤。

（3）先用细实线画出完整形体的第三面投影，然后求作截交线。

（4）求作截交线时只求特殊点，按各段形体的截交线形状大致绘制出全部截交线，作图力求准确。

（5）先画底稿线，后经仔细校核后方可加粗加深。

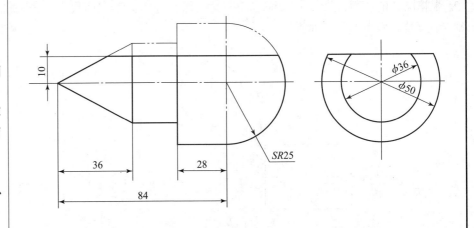

任务6：截交线视图绘制——基础训练

1. 根据形体主、俯视图，运用截交线性质并参照形体立体图补画第三视图。

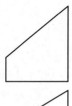
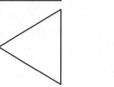
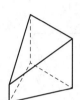

3. 根据形体主、俯视图，运用截交线性质并参照形体立体图补画第三视图。

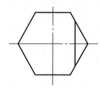

2. 根据形体主、俯视图，运用截交线性质并参照形体立体图补画第三视图。

4. 根据形体主、俯视图，运用截交线性质并参照形体立体图补画第三视图。

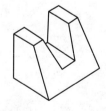

班级　　　　姓名　　　　学号

任务6：截交线视图绘制——基础训练

5. 根据形体主、俯视图，补画第三视图。	7. 根据形体主、俯视图，补画第三视图。
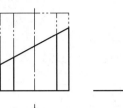	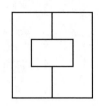
6. 根据形体主、俯视图，补画第三视图。	8. 根据形体主、俯视图，补画第三视图。
	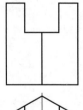 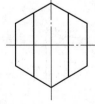

班级　　　　　　姓名　　　　　　学号

任务6：截交线视图绘制——基础训练

9. 根据形体主、左视图，运用截交线性质补画第三视图。

11. 根据形体主、俯视图，补画第三视图。

10. 根据形体主、左视图，运用截交线性质补画第三视图。

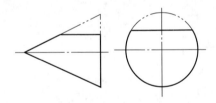

12. 根据形体主、俯视图，补画第三视图。

班级　　　　　姓名　　　　　学号

任务6：截交线视图绘制——基础训练

13. 根据形体主、左视图，运用截交线性质补画第三视图。	15. 根据形体主、俯视图，运用截交线性质补画第三视图。
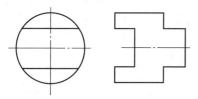	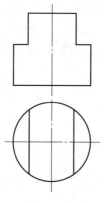
14. 根据形体主、左视图，运用截交线性质补画第三视图。	16. 根据形体主、俯视图，运用截交线性质补画第三视图。
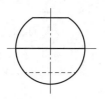	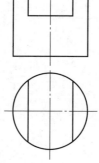

班级　　　　　　姓名　　　　　　学号

任务7：相贯线视图绘制——任务实施

一、任务名称：相贯体视图绘制

二、目的、内容和要求

1. 目的

进一步掌握相贯线的求法（简化法），熟悉掌握相贯体三面投影的作图方法和步骤。

2. 内容

运用 A4 图幅，抄画如图所示形体的两面投影，并补画第三视图，标注尺寸，绘制并填写标题栏。

3. 要求

（1）作图准确，布局适当，线型规范，连接光顺，过渡自然，字体工整，符合国标，图面整洁。

（2）保留相贯线上特殊点的投影作图痕迹。

三、步骤及注意事项

（1）绘图前应仔细分析研究，精心布置图形，确定正确的作图步骤。在图面布置时还应考虑预留标注尺寸的位置。

（2）分析相贯线的形状和方向，确定画图步骤。

（3）先用细实线画出完整形体的第三面投影，然后求作相贯线。

（4）求作相贯线时采用简化画法，作图要准确。

（5）先画底稿线，后经仔细校核后方可加粗加深。

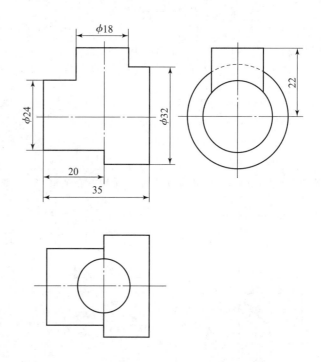

班级　　　姓名　　　学号

任务7：相贯线视图绘制——基础训练

1. 根据形体的三视图投影，采用描点法补全相贯线的投影。

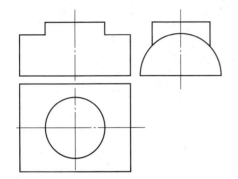

3. 根据形体的三视图投影，采用描点法补全相贯线的投影。

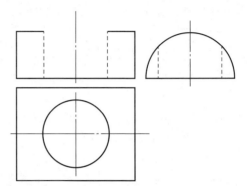

2. 根据形体的三视图投影，采用描点法补全相贯线的投影。

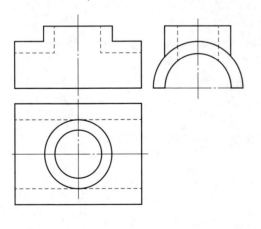

4. 根据形体的三视图投影，采用描点法补全相贯线的投影。

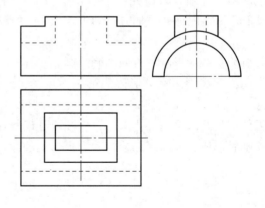

班级　　　　　　　姓名　　　　　　　学号

任务7：相贯线视图绘制——基础训练

5. 根据形体的三视图投影，采用近似法补全相贯线的投影。	7. 根据形体的三视图投影，采用近似法补全相贯线的投影。
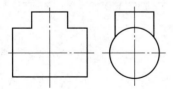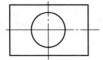	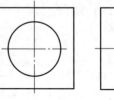
6. 根据形体的三视图投影，采用近似法补全相贯线的投影。	8. 根据形体的三视图投影，采用近似法补全相贯线的投影。
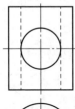	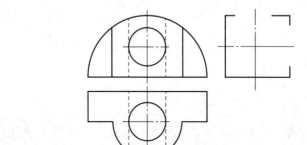

班级　　　　　　　　　姓名　　　　　　　　　学号

项目三　组合体三视图绘制与识读

任务1：组合体的三视图绘制——任务实施

一、任务名称：组合体的三视图绘制
二、目的、内容和要求
1. 目的
（1）掌握组合体各形体之间不同表面连接关系的三视图画法；学会运用形体分析法绘制组合体的三视图，建立组合体与三视图之间的对应关系，培养运用形体分析法表达组合体形状和结构的能力。
（2）掌握画组合体视图的作图方法和步骤，培养绘制组合体三视图的基本能力。
2. 内容
根据右边组合体立体图（三选一或二，建议近机类专业选择题"1-3"，机械类专业选择题"4-6"），绘制其三视图，并标注尺寸。
3. 要求
作图准确，视图间符合"三等规律"，线型规范，图面整洁。
三、步骤和注意事项
1. 绘图步骤
（1）选用A4幅面，图纸横放，按1:1绘图。
（2）通过形体分析将物体分解为几个组成部分，分析清楚各部分的形状、相对位置、组合形式及其表面连接关系。
（3）选择最能反映组合体形状特征的方向为主视图的投射方向。
（4）绘制底稿线。
（5）检查和描深。
（6）标注尺寸，填写标题栏。
2. 注意事项
（1）绘图时，三视图之间要留有足够标注尺寸的地方，经周密计算后便可画出各视图的定位线（对称轴线或基准线）。
（2）绘图时，应将图纸固定在图板上，用丁字尺、三角板和绘图仪器配合使用，以提高绘图速度和准确度。
（3）标注尺寸时，不要照搬轴测图上的尺寸注法，应以尺寸齐全、注法正确、配置适当为原则，重新考虑视图的尺寸配置。

1.
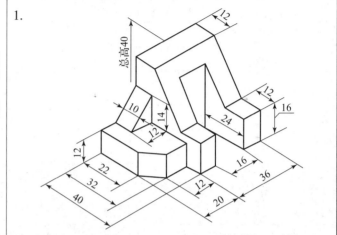

2.
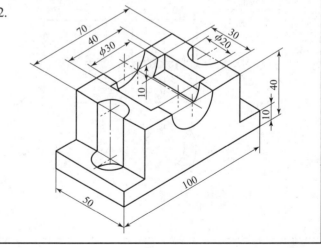

班级　　　　姓名　　　　学号

任务1：组合体的三视图绘制——任务实施

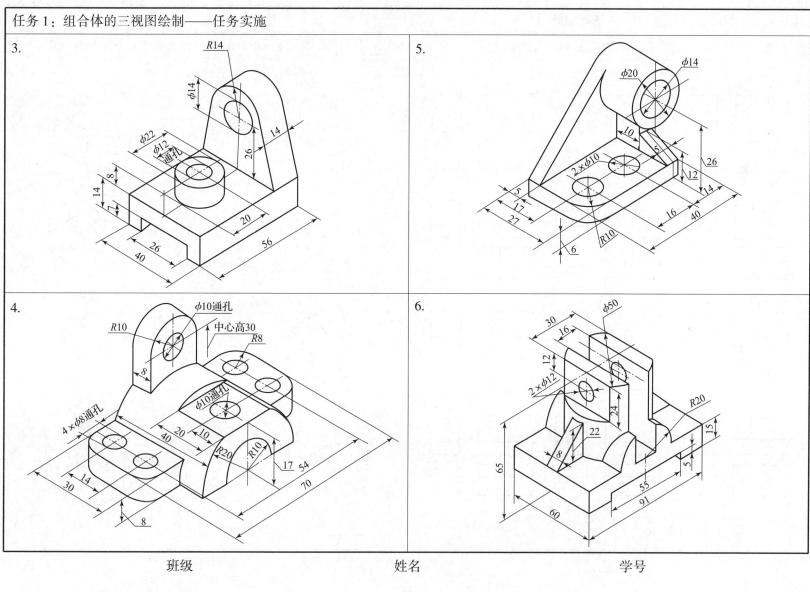

任务1：组合体的三视图绘制——基础训练

1. 根据左边所给组合体三视图，在右边找出与其相对应的组合体立体图，并将组合体立体图的序号填写在三视图右下角的括号内。

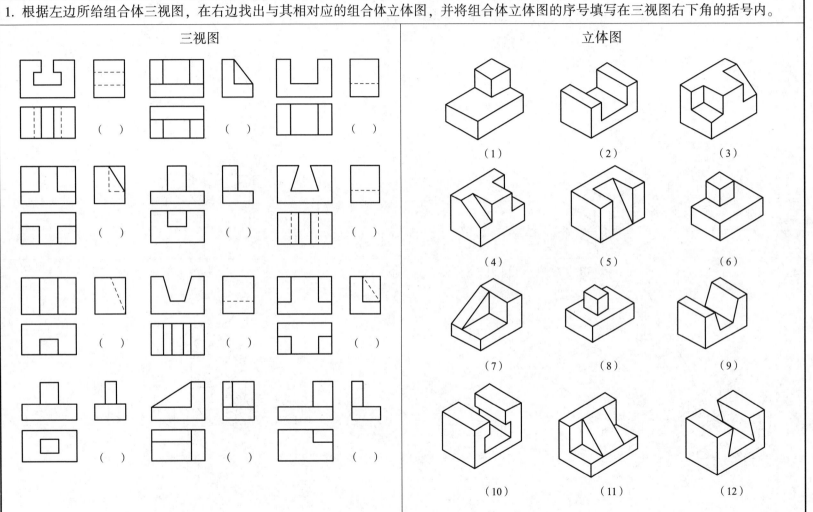

任务1：组合体的三视图绘制——基础训练

2. 根据组合体立体图辨认其相应的两面视图，并根据两面视图补画出第三面视图。

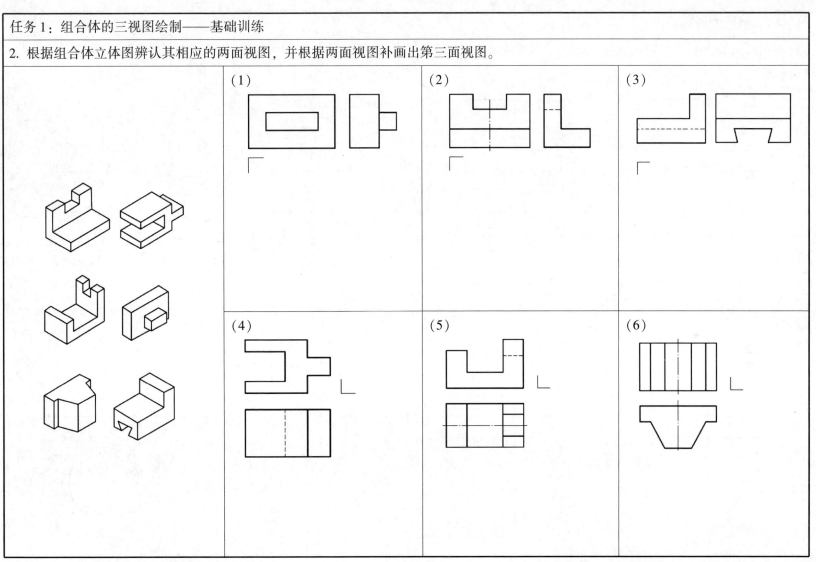

| 班级 | 姓名 | 学号 |

任务1：组合体的三视图绘制——基础训练

3. 根据所给组合体两个视图，想象出各组合体结构形状，并分析清楚其表面连接关系，补画下列组合体表面的交线。

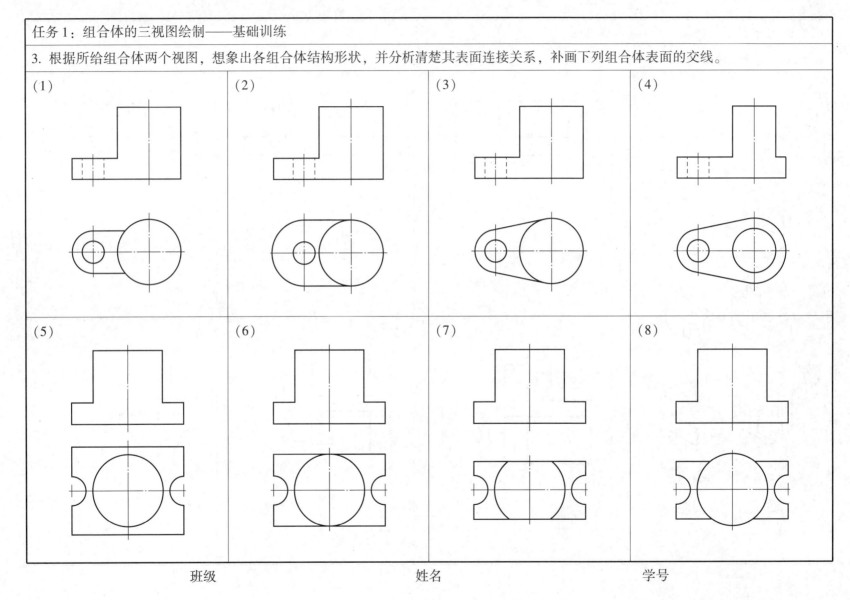

班级　　　　　　　　　姓名　　　　　　　　　学号

任务1：组合体的三视图绘制——基础训练

4. 根据组合体立体图和三视图，补画三视图中所缺漏的图线。

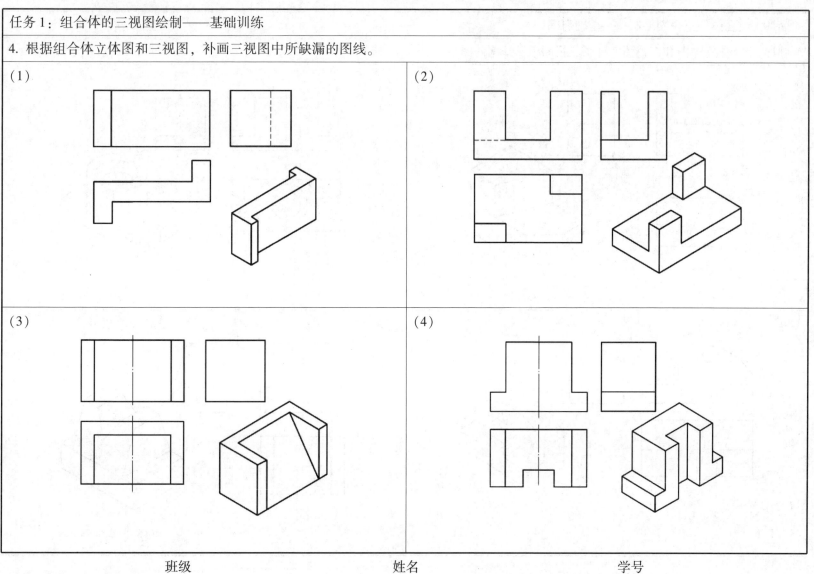

班级　　　　　　姓名　　　　　　学号

任务1：组合体的三视图绘制——基础训练

5. 根据组合体立体图和三视图，补画三视图中所缺漏的图线。

(1) (2) (3) (4)

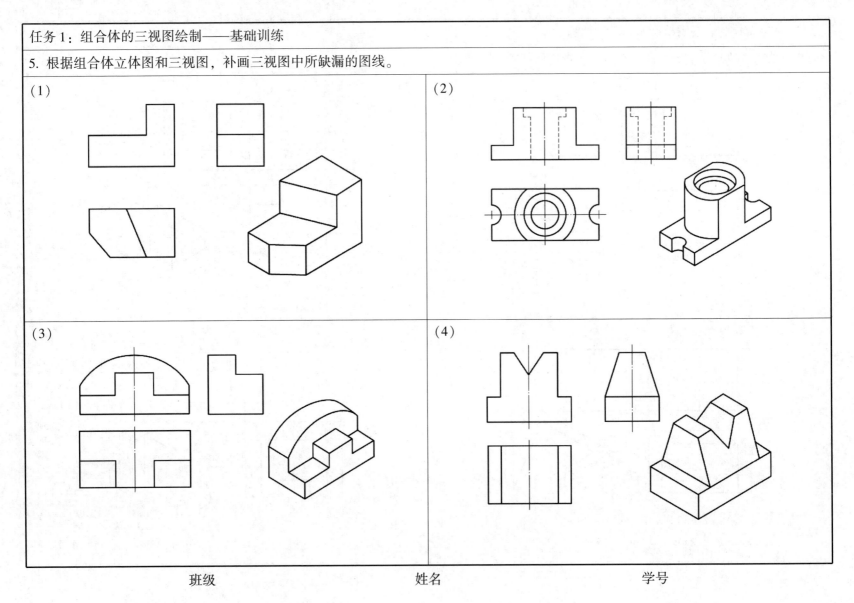

班级　　　　　姓名　　　　　学号

任务1：组合体的三视图绘制——基础训练

6. 根据组合体的两面视图，想出该形体的形状，并补画第三面视图。

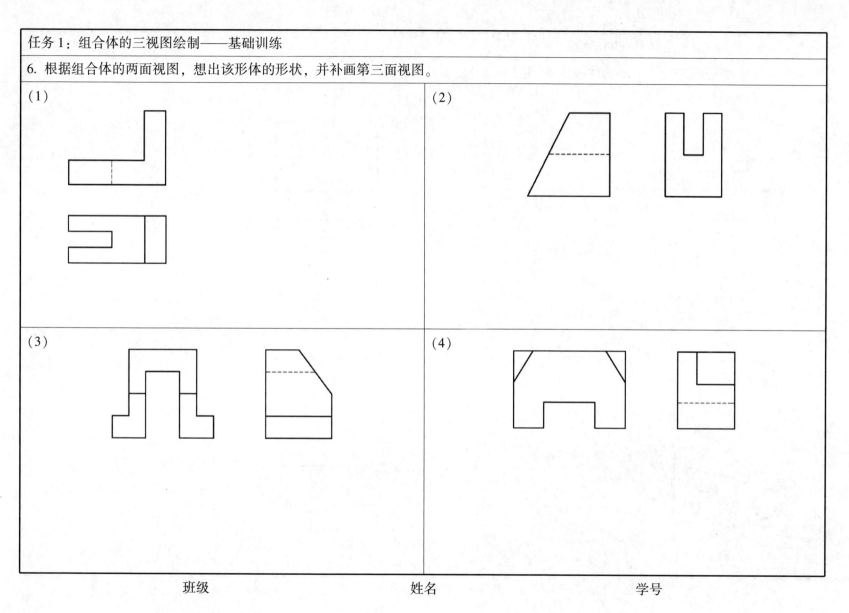

班级　　　　　　　姓名　　　　　　　学号

任务1：组合体的三视图绘制——基础训练

7. 根据组合体的两面视图，想出该形体的形状，并补画第三面视图。

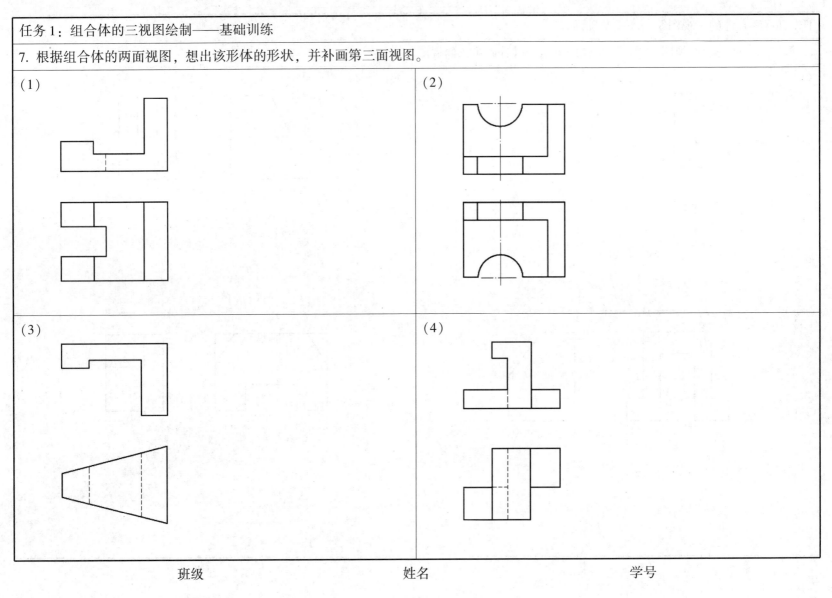

任务1：组合体的三视图绘制——基础训练

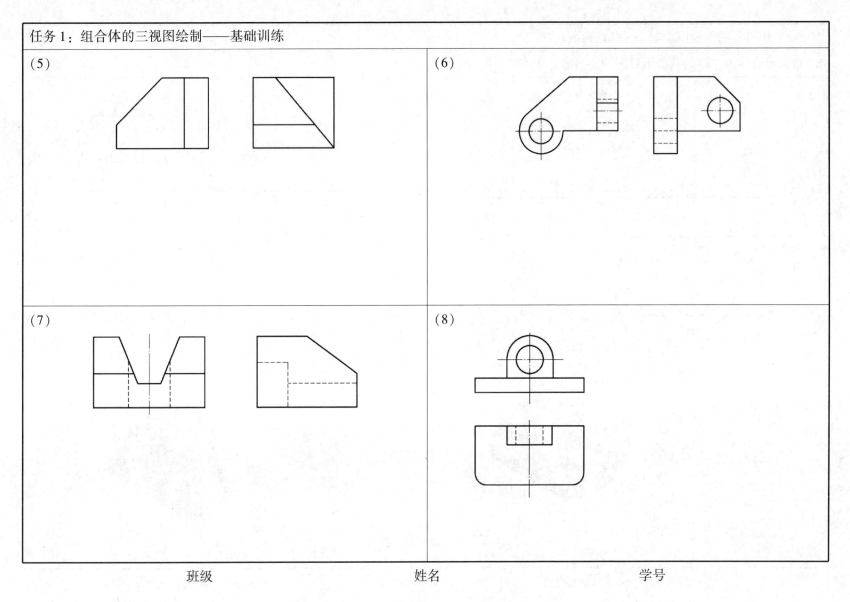

任务1：组合体的二视图绘制——基础训练

8. 根据组合体的立体图及所给视图，补画出组合体的其他两面视图。

(1)

(2)

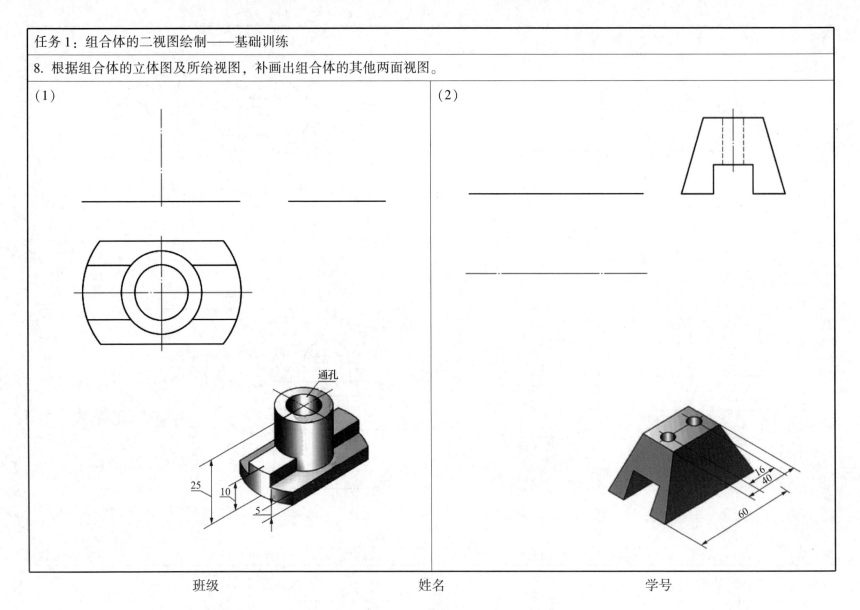

| 班级 | 姓名 | 学号 |

任务2：组合体三视图尺寸标注——任务实施

一、任务名称：组合体的三视图尺寸标注
二、目的、内容和要求
1. 目的
掌握尺寸标注基本要求中"完整"和"清晰"两项要求和组合体的尺寸标注方法，学会运用形体分析法进行组合体的三视图尺寸标注，培养尺寸标注的基本能力。
2. 内容
根据右边组合体立体图（三选一或二，建议近机类专业选择题"1-3"，机械类专业选择题"4-6"），绘制其三视图，并标注尺寸。
3. 要求
作图准确，视图之间符合"三等规律"，线型规范，图面整洁。
三、步骤和注意事项
1. 绘图步骤
（1）选用 A4 幅面，图纸横放，按 1∶1 绘图。
（2）通过形体分析将物体分解为几个组成部分，分析清楚各部分的形状、相对位置关系，完成组合体三视图绘制。
（3）确定组合体三个方向的尺寸基准。
（4）先标注定形尺寸，即确定组合体中各基本体在长、宽、高 3 个方向上大小的尺寸。
（5）再标注定位尺寸，即确定组合体中各基本体相对位置的尺寸。
（6）最后标注总体尺寸，即表示组合体外形大小的总长、总宽、总高的尺寸。
（7）综合分析，协调各类尺寸之间关系，并对尺寸作必要修改。
（8）填写标题栏。
2. 注意事项：
（1）各部分形状大小及相对位置的尺寸标注完全，既不能遗漏，也不要重复，尺寸标注要布置匀称、清楚、整齐，便于阅读。
（1）尺寸应尽量标注在反映形体特征最明显的视图上，且同一形体的尺寸尽可能集中标注在一个视图上。
（2）同一基本形体的定形尺寸和确定其位置的定位尺寸，应尽可能集中标注在一个视图上。
（3）圆柱、圆锥的直径尺寸尽量注在反映轴线的视图上，半圆弧及小于半圆弧的半径尺寸一定要注在反映为圆弧的视图上。
（4）同一视图上的平行并列尺寸，应按"小尺寸在内，大尺寸在外"的原则来排列，且尺寸线与轮廓线、尺寸线与尺寸线之间的间距要适当。

1.

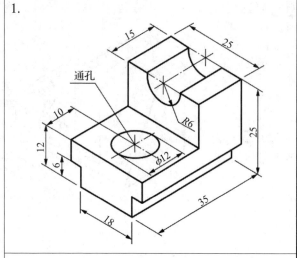

2.

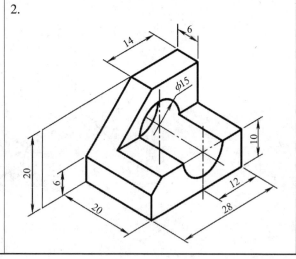

班级　　　　　姓名　　　　　学号

任务2：组合体三视图尺寸标注——任务实施

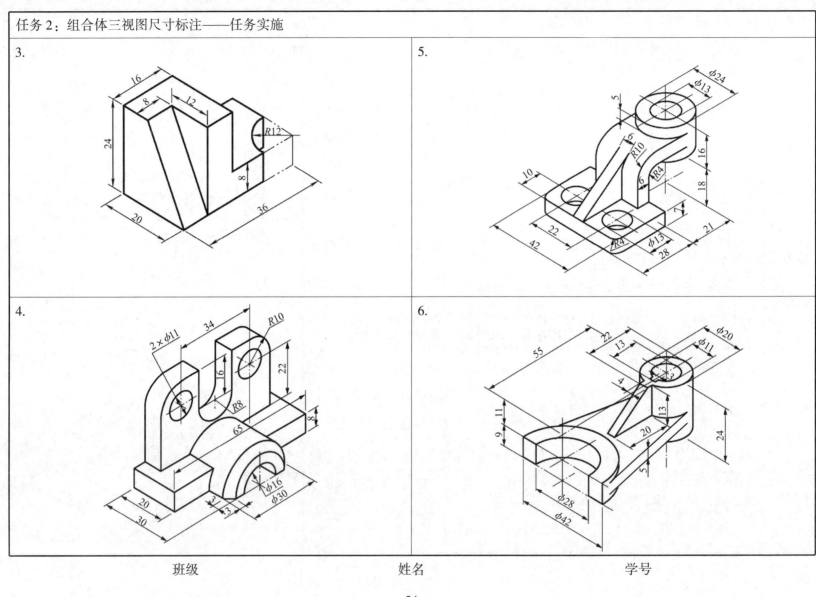

任务2：组合体三视图尺寸标注——基础训练

1. 根据组合体两面视图及其标注的尺寸，指出视图中重复的尺寸（打"×"），补全视图中所漏的尺寸(不标尺寸数字)。

(1)

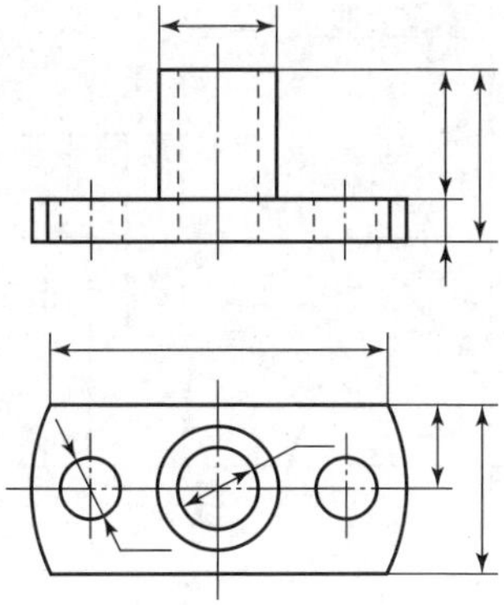

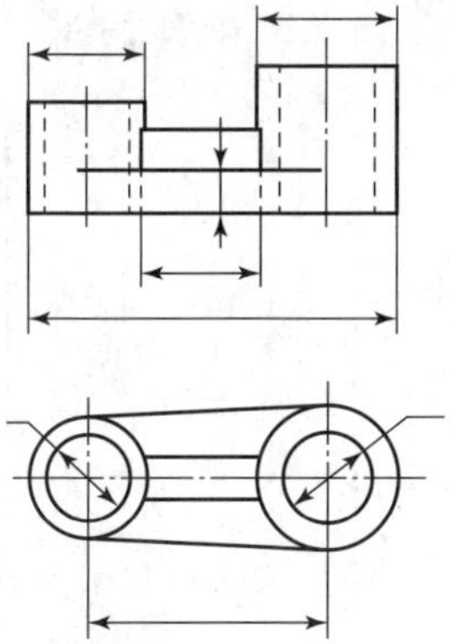

(2)

(3)

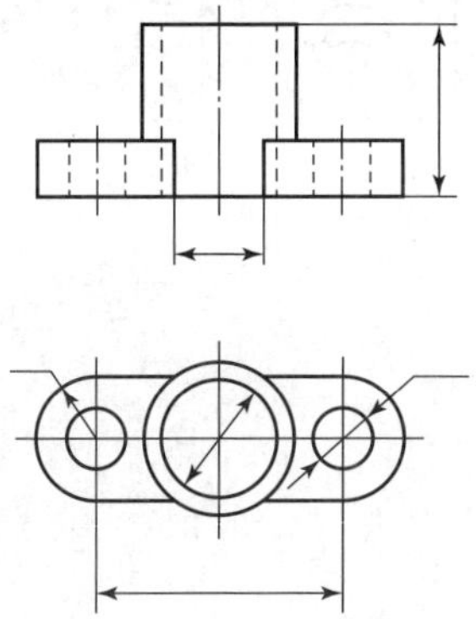

(4)

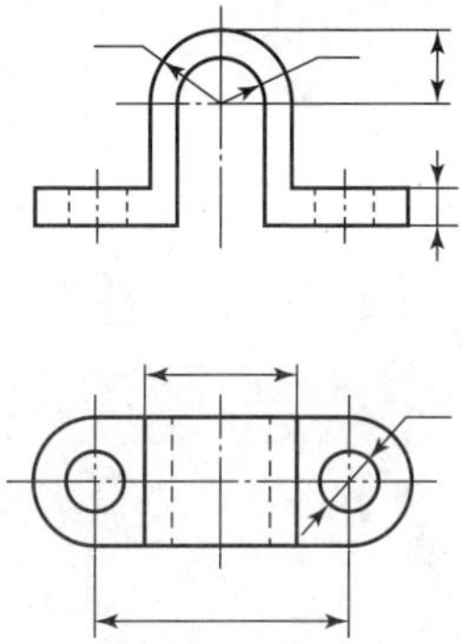

班级　　　　　　　　　　姓名　　　　　　　　　　学号

任务2：组合体三视图尺寸标注——基础训练

2. 根据组合体三视图及其部分尺寸标注，标出宽度、高度方向主要尺寸基准，并补注其余尺寸。

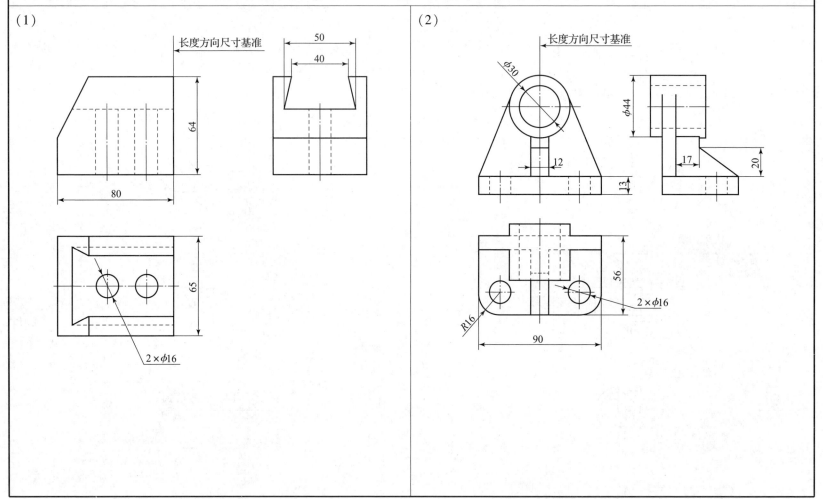

任务2：组合体三视图尺寸标注——基础训练

3. 根据组合体两面视图及其部分尺寸标注，补全其余尺寸标注。

(1)

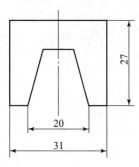

(3)

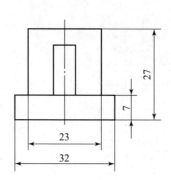

(2)

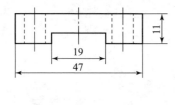

(4)

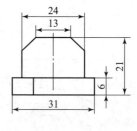

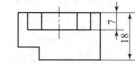

班级　　　　　　　姓名　　　　　　　学号

任务2：组合体三视图尺寸标注——基础训练

4. 根据组合体视图，标注组合体全部的尺寸，数值从视图中量取（圆整）。

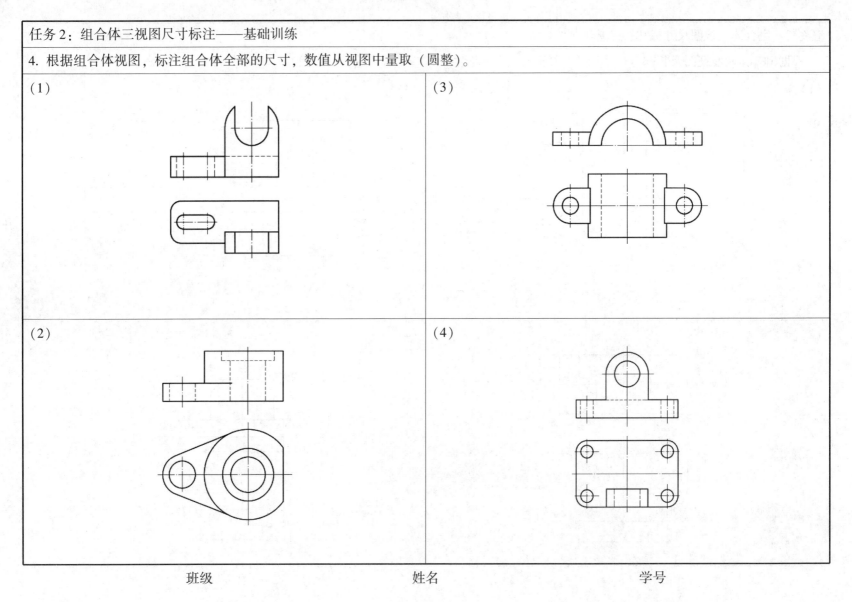

班级　　　　　　　　　　姓名　　　　　　　　　　学号

— 58 —

任务2：组合体三视图尺寸标注——基础训练

5. 根据组合体视图，标注组合体全部的尺寸，数值从视图中量取并圆整。

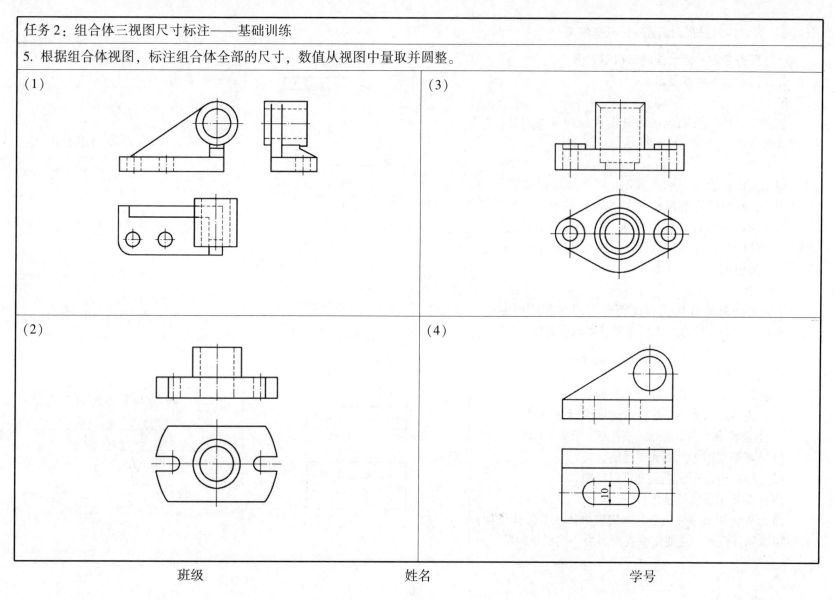

班级　　　　　　　　姓名　　　　　　　　学号

任务3：组合体的三视图识读——任务实施

一、任务名称：组合体的三视图识读

二、目的、内容和要求

1. 目的

掌握组合体三视图识读的基本要领和基本方法，培养识读组合体三视图的基本能力。

2. 内容

根据给定组合体的两面视图，将形体分解成若干个基本形体，对照投影想象出各基本形体的形状，最后综合起来想象出组合体的整体形状，简要叙述组成组合体的基本形体的数量和名称、组合形式及其表面连接关系，并补画出形体的第三面视图。

3. 要求

综合运用形体分析法和线面分析法两种读图方法，按先主后次、先易后难、先局部后整体顺序读图。

三、读图步骤和注意事项

1. 读图步骤

（1）先主后次、先易后难、先局部后整体。
（2）先运用形体分析法，后运用线面分析法。

2. 注意事项

（1）理解视图中线框和图线的含义。
（2）将几个视图联系起来进行读图。
（3）要善于抓特征视图。
（4）先运用形体分析法，读懂组合体主要形体结构，后运用线面分析法，主要用来着重解决一些疑难问题。

1.

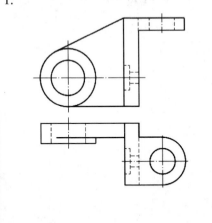

（1）组成组合体的基本形体的数量和名称：_____

_____。

（2）各基本形体间组合形式：_____

_____。

（3）各基本形体间表面连接关系：_____

_____。

2.

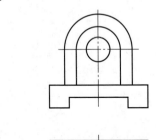

（1）组成组合体的基本形体的数量和名称：_____

_____。

（2）各基本形体间组合形式：_____

_____。

（3）各基本形体间表面连接关系：_____

_____。

班级　　　　　　姓名　　　　　　学号

任务3：组合体的三视图识读——基础训练

1. 根据组合体主、左（俯）视图，想象出该组合体形状特征，选择正确的俯（左）视图，并在正确的视图序号上划"√"。

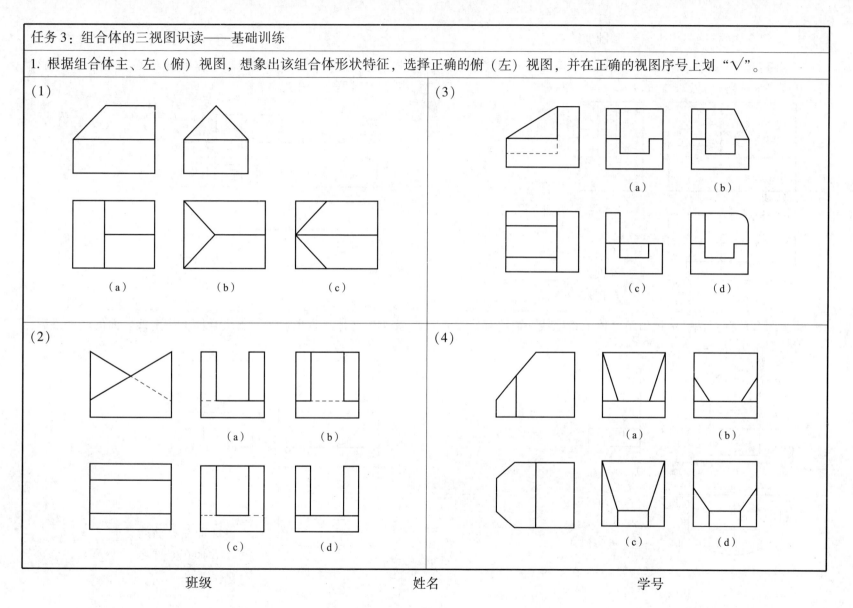

任务3：组合体的三视图识读——基础训练

2. 根据组合体三视图，标记出组合体上指定线、面的其他投影，并按要求填空。

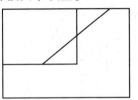

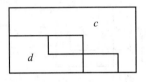

A 面是_____面
B 面是_____面
C 面在 D 面之_____

4. 根据组合体三视图，标记出组合体上指定线、面的其他投影，并按要求填空，补齐左视图。

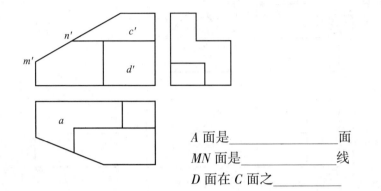

A 面是_____面
MN 面是_____线
D 面在 C 面之_____

3. 根据组合体三视图，标记出组合体上指定线、面的其他投影，并按要求填空。

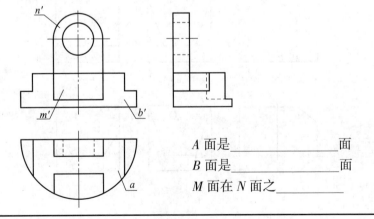

A 面是_____面
B 面是_____面
M 面在 N 面之_____

5. 根据组合体三视图，标记出组合体上指定线、面的其他投影，并按要求填空。

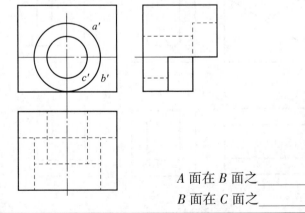

A 面在 B 面之_____
B 面在 C 面之_____

任务3：组合体的三视图识读——基础训练

6. 根据组合体三视图，想出组合体的形状，补画视图中所缺漏的图线。

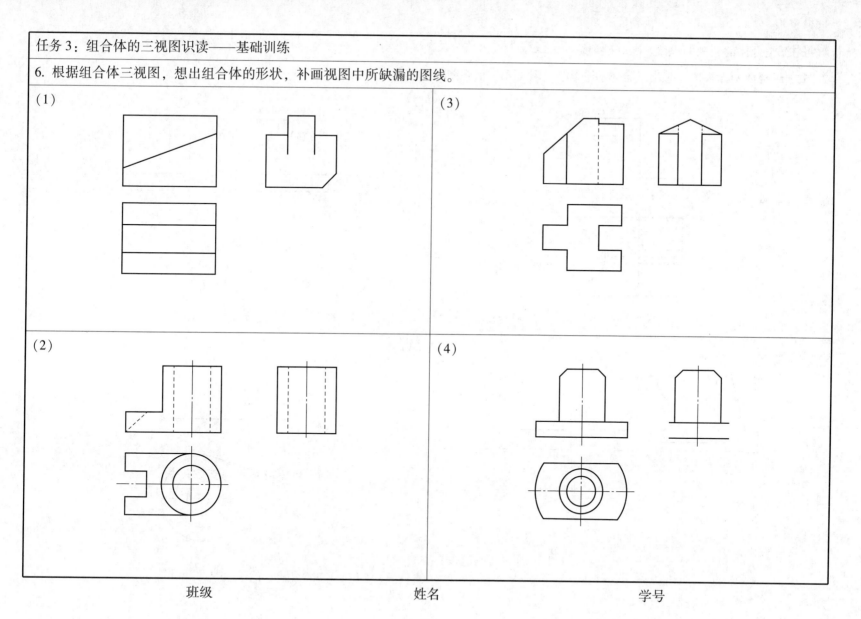

班级　　　　　　姓名　　　　　　学号

任务3：组合体的三视图识读——基础训练

7. 根据组合体两面视图，想出组合体的形状，并补画第三面视图。

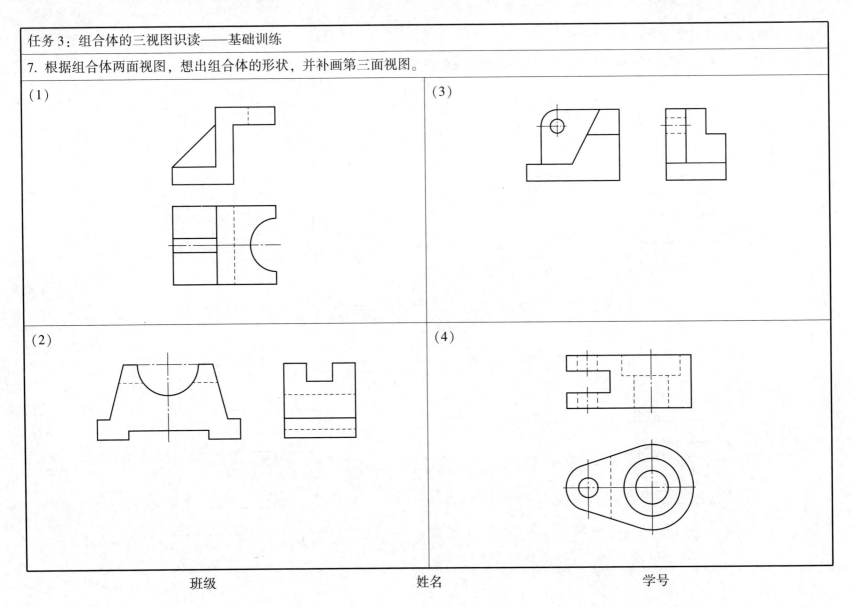

任务3：组合体的三视图识读——基础训练

8. 根据组合体两面视图，想出组合体的形状，并补画第三面视图。

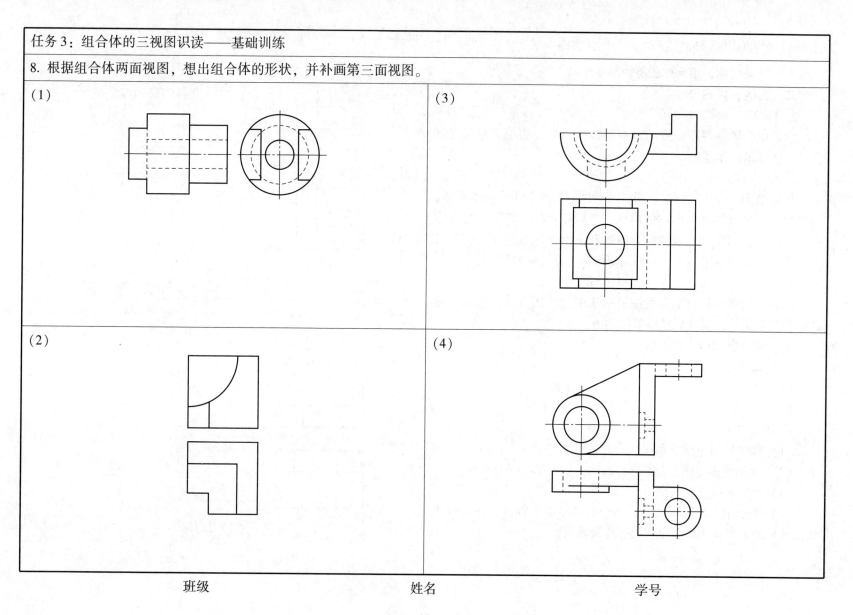

班级　　　　　　　姓名　　　　　　　学号

任务4：组合体正等轴测图画法——任务实施

一、任务名称：组合体正等轴测图绘制

二、目的、内容和要求

1. 目的

掌握组合体三视图识读的基本要领和基本方法，培养识读组合体三视图的基本能力。

2. 内容

根据给定组合体的两面视图，将形体分解成若干个基本形体，对照投影想象出各基本形体的形状，最后综合起来想象出组合体的整体形状，简要叙述组成组合体的基本形体的数量和名称、组合形式及其表面连接关系，并补画出形体的第三面视图。

3. 要求

综合运用形体分析法和线面分析法两种读图方法，按先主后次、先易后难、先局部后整体顺序读图。

三、读图步骤和注意事项

1. 读图步骤

（1）先主后次、先易后难、先局部后整体。

（2）先运用形体分析法，后运用线面分析法。

2. 注意事项

（1）理解视图中线框和图线的含义。

（2）将几个视图联系起来进行读图。

（3）要善于抓特征视图。

（4）先运用形体分析法，读懂组合体主要形体结构，后运用线面分析法，主要用来着重解决一些疑难问题。

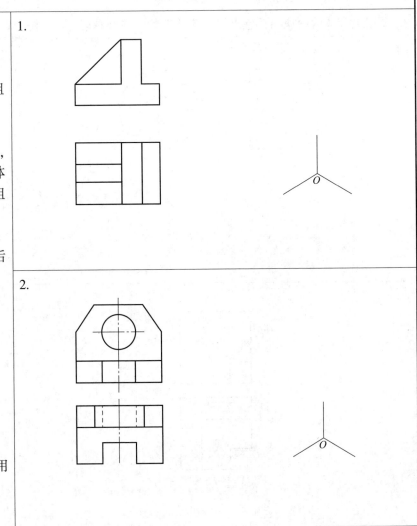

1.

2.

班级　　　　姓名　　　　学号

任务4：组合体正等轴测图画法——基础训练

1. 根据所给组合体二（三）面视图，画出正等轴测图。

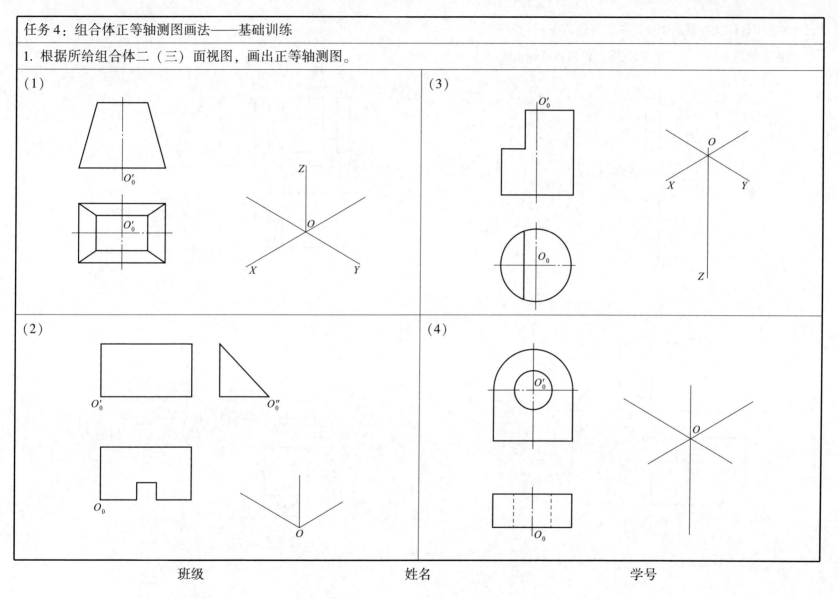

任务4：组合体正等轴测图画法——基础训练

2. 根据所给组合体二（三）面视图，画出正等轴测图。

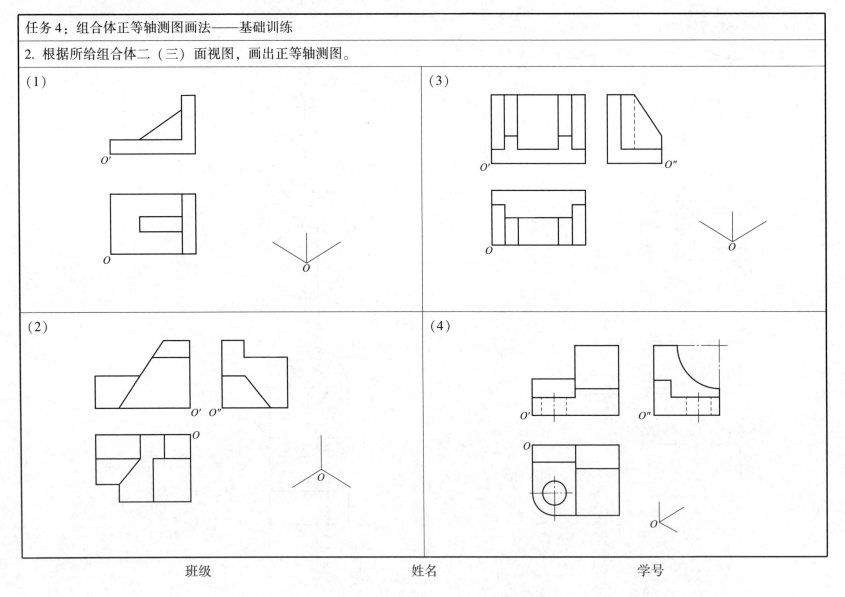

任务4：组合体正等轴测图画法——基础训练

3. 根据所给组合体二（三）面视图，在下方方格中徒手画出正等轴测图。

(1)

(2)

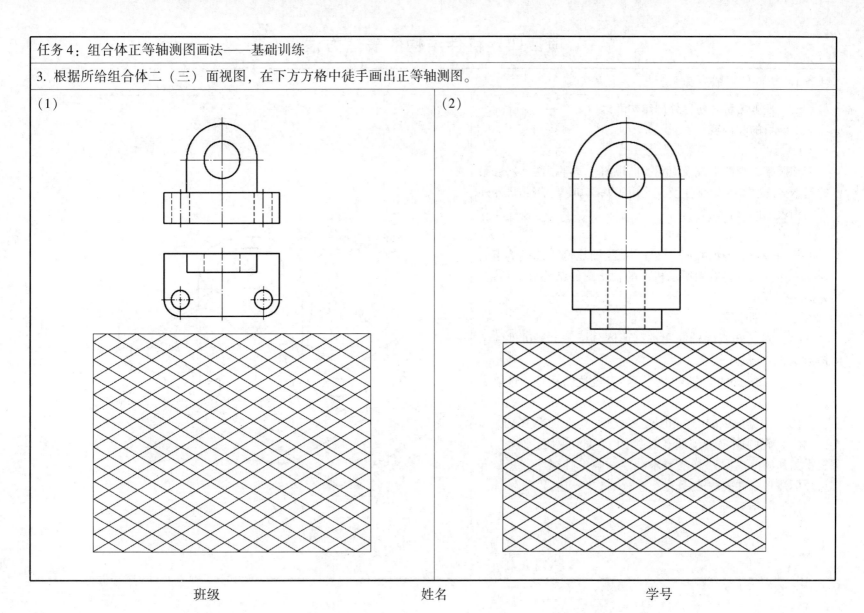

班级　　　　　　　姓名　　　　　　　学号

项目四 机件结构的表达方法

任务1：机件外部结构表达方法——任务实施

一、任务名称：机体外部结构表达

二、目的和内容

1. 目的

掌握基本视图形成及应用，向视图、局部视图、斜视图的基本概念、画法、标注及其应用等基础知识，培养机件外部结构表达的综合能力。

2. 内容

采用恰当的图纸幅面，按1∶1绘图比例，选择恰当的视图表达方案，将右图所示机件的轴测图的结构表达清楚，并标注全部尺寸。

三、绘图步骤

（1）对已知机件轴测图进行形体分析，了解机件的结构形状。

（2）按照机件的结构特点，确定表达的重点，选取表达方案。

（3）根据规定的图幅和选定的比例，合理布置图面。

（4）轻画底稿。按照各种视图（基本视图、向视图、斜视图和局部视图）画法要求，逐一画出各视图，并结合尺寸标注将机件表达清楚。

（5）检查后描深。

（6）标注尺寸，填写标题栏。

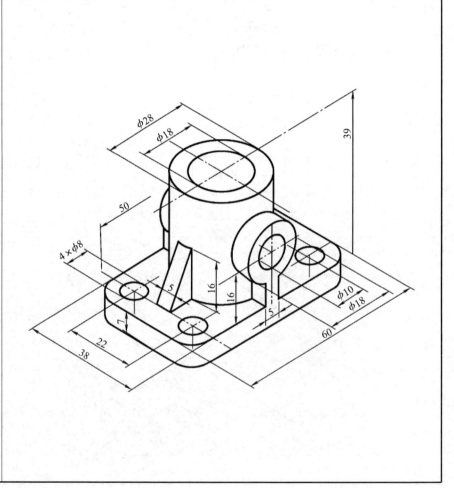

班级　　　　　姓名　　　　　学号

任务1：机件外部结构的表达方法——基础训练

1. 已知形体的主、俯、左3个视图，绘制出该形体的其他3个基本视图。

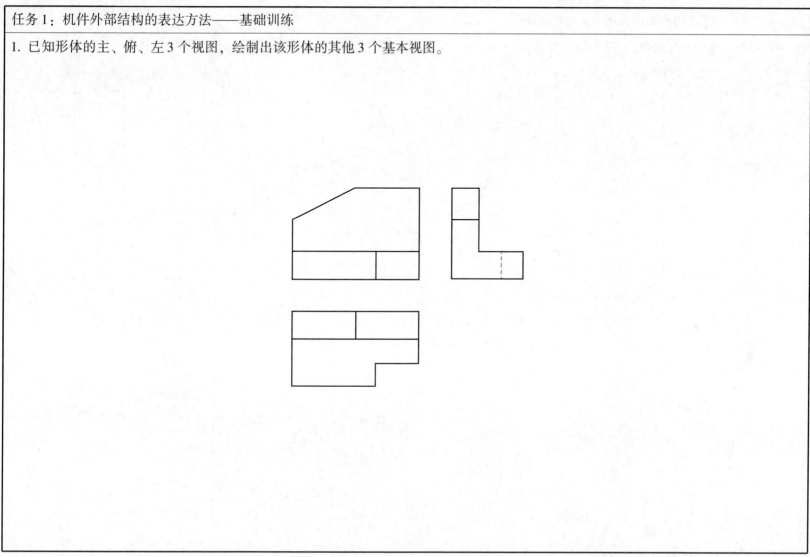

班级　　　　　　　姓名　　　　　　　学号

任务1：机件外部结构的表达方法——基础训练

2. 根据形体三视图，在指定位置作出各个向视图。

3. 在指定位置画出 A 向局部视图。

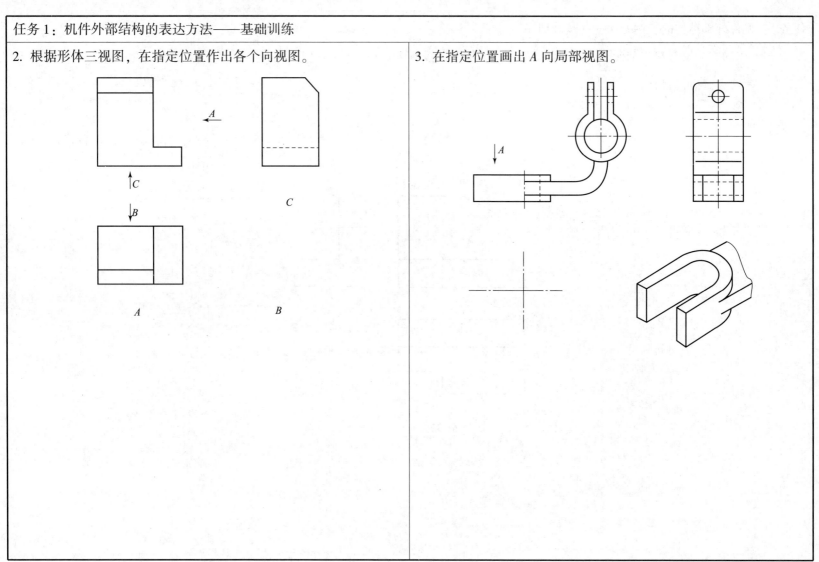

任务1：机件外部结构的表达方法——基础训练

4. 在视图下方位置画出 A 向斜视图和 B 向局部视图。	**5.** 在指定位置作局部视图和斜视图。

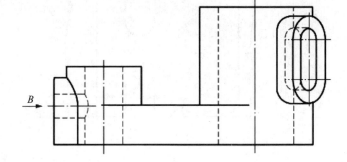

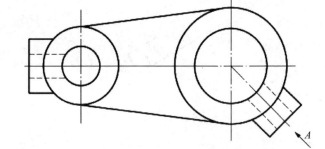
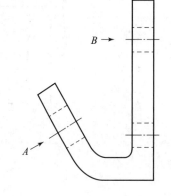
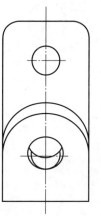

班级　　　　　　姓名　　　　　　学号

任务1：机件外部结构的表达方法——基础训练

6. 根据各视图间配置关系和投影关系，在各视图上作必要的标注。

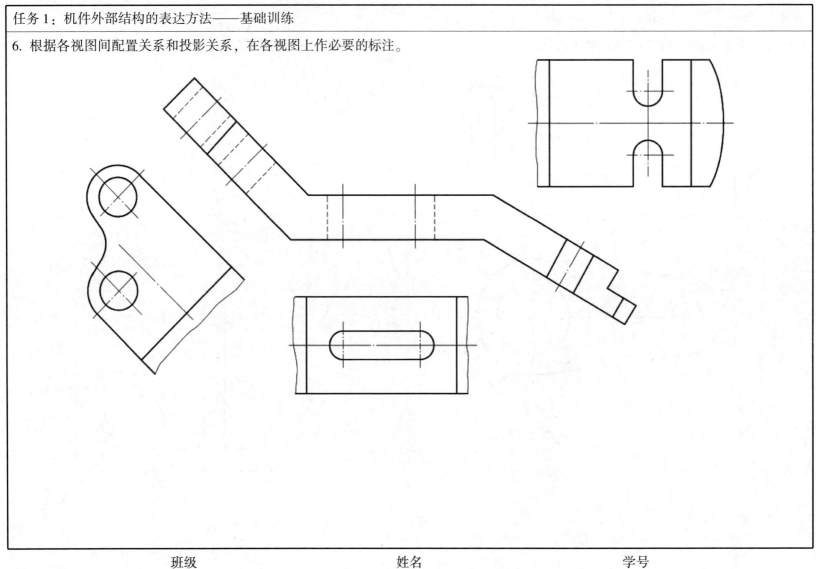

班级　　　　　　　　姓名　　　　　　　　学号

任务2：机件内部结构的表达方法——任务实施

一、任务名称：机件内部结构表达
二、目的和内容
1. 目的
（1）学会综合运用机件的各种内部结构表达方法表示机件。
（2）进一步提高形体分析能力及机件结构的表达能力。
2. 内容
采用恰当的图纸幅面，按1:1绘图比例，选择恰当的视图表达方案，将右图所示机件的轴测图的结构表达清楚，并标注全部尺寸。

三、绘图步骤和注意事项
1. 绘图步骤
（1）对已知机件轴测图进行形体分析，了解机件的结构形状。
（2）按照机件的结构特点，确定表达的重点，选取表达方案。
（3）根据规定的图幅和选定的比例，合理布置图面。
（4）轻画底稿。按照各种剖切方法、剖视图和其他画法要求，逐一画出各视图，并结合尺寸标注将机件表达清楚。
（5）画出剖面符号。
（6）检查后描深。
（7）标注尺寸，填写标题栏。
2. 注意事项
（1）剖面线一般不画底稿线，而在描深时一次画成。
（2）注意区分哪些剖切位置和剖视图名称应标注，哪些不必标注。注意局部剖视图中波浪线的画法。
（3）标注尺寸仍应用形体分析法。

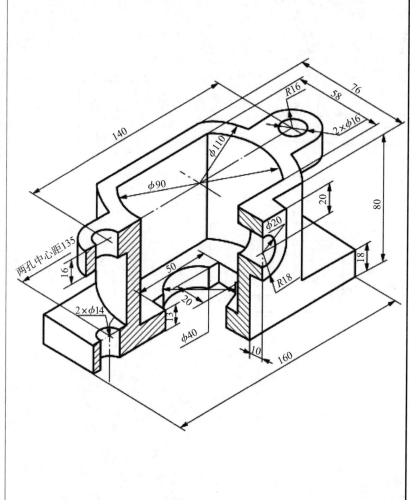

班级　　　　姓名　　　　学号

任务2：机件内部结构的表达方法——基础训练

1. 根据形体的俯、左两面视图，补画主视图并画成全剖主视图。

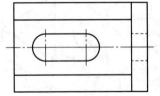

2. 根据形体的俯、左视图和主视图轮廓线，将主视图改画为全剖视图。

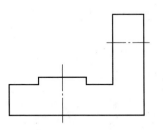 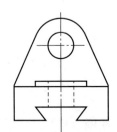

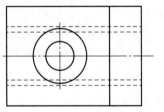

班级　　　　　姓名　　　　　学号

任务2：机件内部结构的表达方法——基础训练

3. 根据形体的主、俯两面视图，将主视图改画为全剖视图。

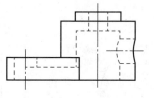

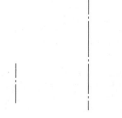

4. 根据形体的俯视图和立体图，补画主、左视图并画成全剖视图。

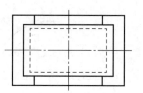

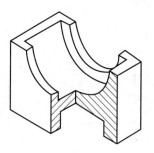

班级　　　　　　　　　姓名　　　　　　　　　学号

任务 2：机件内部结构的表达方法——基础训练

5. 根据轴承衬零件的俯、左视图，补画主视图并作合适的剖视。

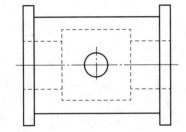

6. 根据拨叉零件的主、左视图，在两视图上分别作合适的剖视。

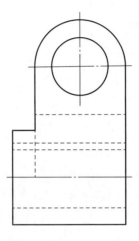
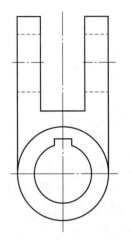

班级　　　　　姓名　　　　　学号

任务2：机件内部结构的表达方法——基础训练

7. 结合形体的立体图，补画剖视图中缺漏的线，并按要求填空。

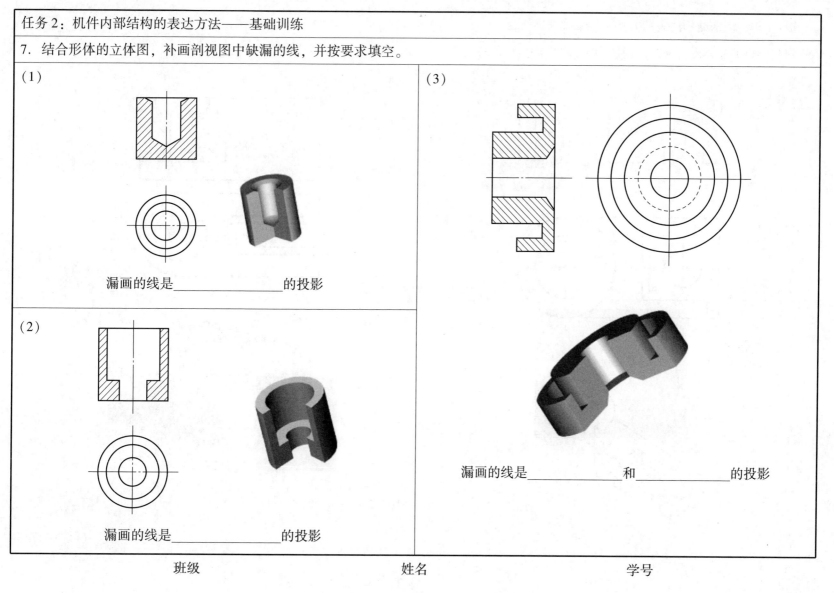

（1）漏画的线是_____的投影

（2）漏画的线是_____的投影

（3）漏画的线是_____和_____的投影

班级　　　　　姓名　　　　　学号

任务2：机件内部结构的表达方法——基础训练

8. 根据形体的立体图，补画剖视图中缺漏的图线。

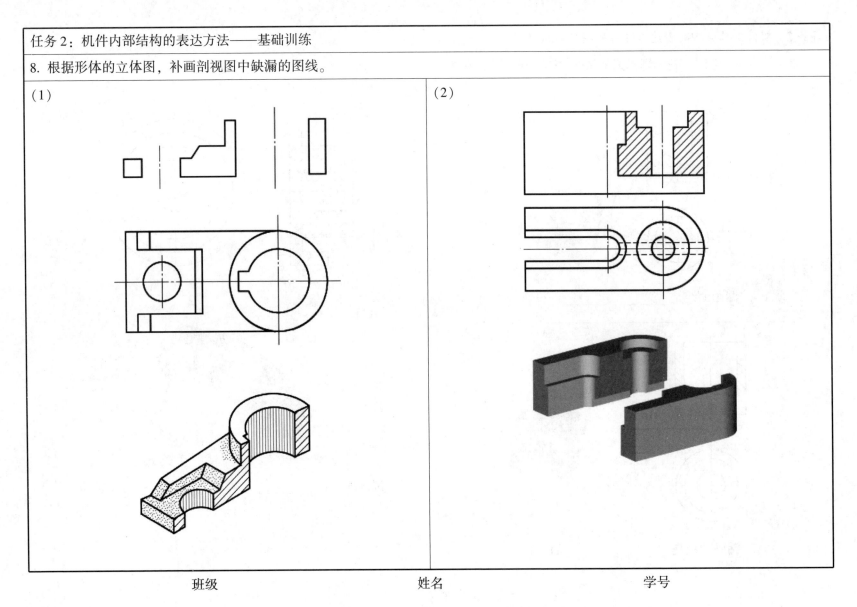

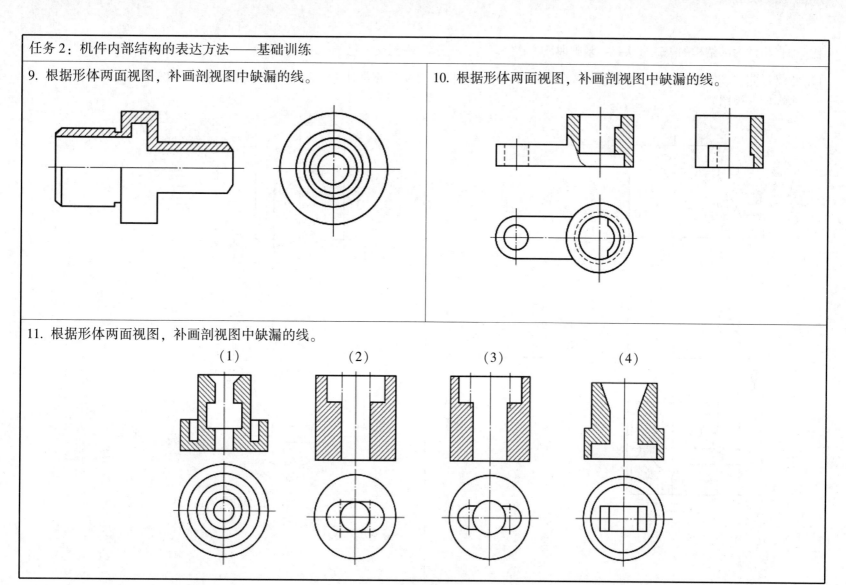

任务2：机件内部结构的表达方法——基础训练

12. 根据形体主、俯视图，将主视图改画成全剖视图，并补画半剖视图的左视图。

13. 根据形体主、俯视图，补画半剖视图的左视图。

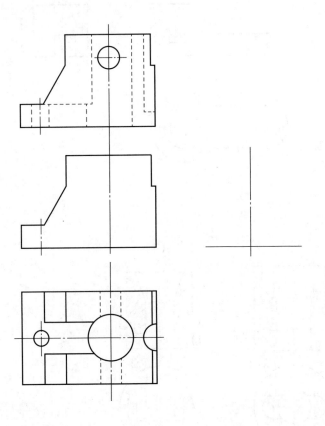
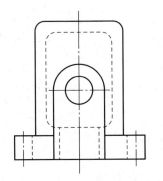
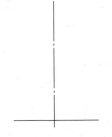
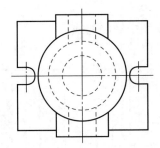

任务2：机件内部结构的表达方法——基础训练

14. 根据形体主、俯视图，在指定位置将主视图画成全剖视图。

15. 根据形体主、俯视图，在指定位置将主视图画成全剖视图。

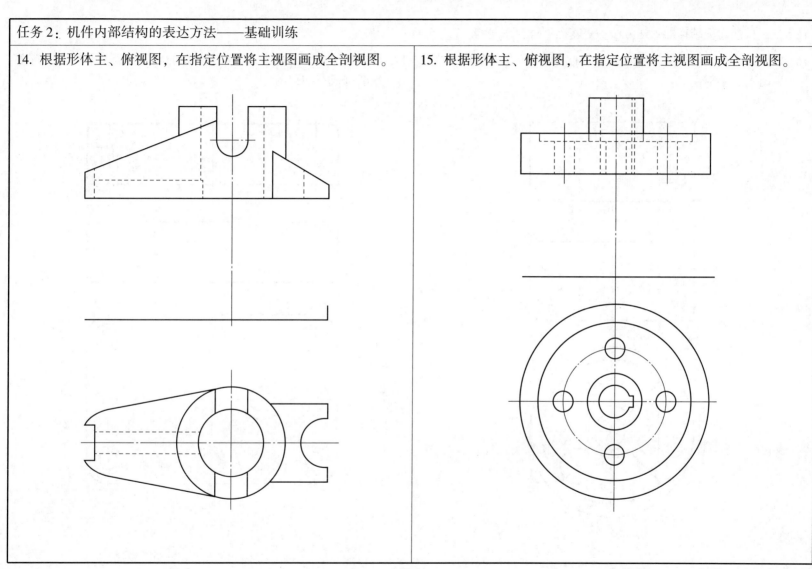

| 班级 | 姓名 | 学号 |

任务 2：机件内部结构的表达方法——基础训练

16. 根据形体主、俯视图，用两个相交的剖切平面剖开物体，把主视图画成全剖视图。

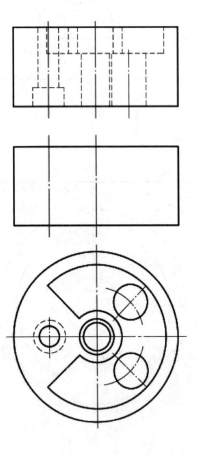

17. 根据形体主、俯视图，用两个平行的剖切平面剖开物体，把主视图画成全剖视图。

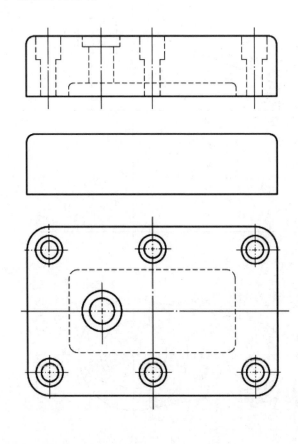

班级　　　　　　　　　姓名　　　　　　　　　学号

任务 2：机件内部结构的表达方法——基础训练

18. 分析视图中剖视图的错误画法，在指定的位置作出正确的剖视图。

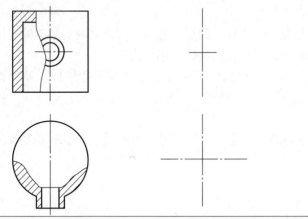

19. 分析视图中剖视图的错误画法，在指定的位置作出正确的剖视图。

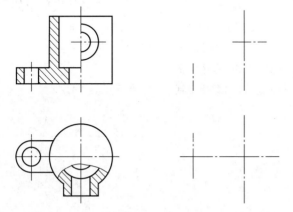

20. 根据形体的主、俯视图，在所给视图的下方运用恰当的局部剖视图表达方法，把主视图、俯视图改画成局部剖视。

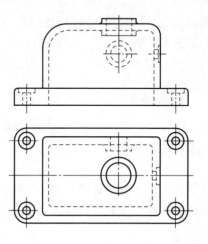

班级　　　　　姓名　　　　　学号

任务3：机件典型和特殊结构表达方法——任务实施

一、任务名称：轴零件典型和特殊结构表达

二、目的和内容

1. 目的

（1）掌握断面图概念、分类、规定画法及断面图标注等基础知识，培养表达机件上肋板、轮辐、键槽等典型结构的应用能力。

（2）掌握局部放大图概念、应用场合及画法注意事项，培养表达机件上细小局部结构的应用能力。

（3）掌握机件上重复性、对称、网纹、较小平面、较长、较小斜度等特殊结构的表达方法，培养表达机件上特殊结构的应用能力。

2. 内容

采用断面图、局部放大等视图表达方法，将右图键槽、孔等结构表达清楚，其中局部放大图画在视图上方，断面图画在指定位置。

三、画图步骤和注意事项

1. 画图步骤

（1）在视图上方画出指定位置的局部放大图，在视图下方指定位置画出四处断面图。

（2）根据所画断面图位置和结构特点，进行断面图标记要素标记。

2. 注意事项

（1）局部放大图可画成视图、剖视图等形式，它与被放大部分的表达方式无关，局部放大图应尽量配置在被放大部位的附近。

（2）局部放大图的比例是指放大图与机件的对应要素之间的线性尺寸比，与被放大部位的原图所采用的比例无关。

（3）局部放大图采用剖视图和断面图时，其图形按比例放大，断面区域中的剖面线的间距必须仍与原图保持一致。

（4）画断面图时，当剖切面通过回转面形成的孔或凹坑的轴线时，这些结构应按剖视图绘制。

（5）当剖切面通过非圆孔，会导致出现完全分离的两个剖面时，则这些结构应按剖视图绘制。

班级　　　　　　　　　　　姓名　　　　　　　　　　　学号

任务3：机件典型和特殊结构表达方法——任务实施

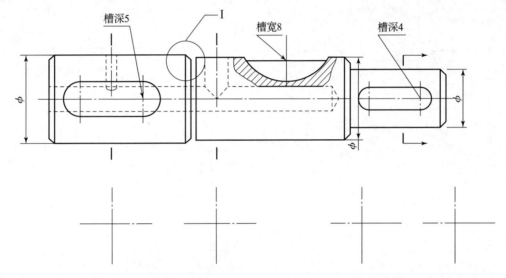

班级　　　　　　　　　姓名　　　　　　　　　学号

任务3：机件典型和特殊结构表达方法——基础训练

1. 根据所给轴零件视图和键槽深度尺寸，在指定位置画出三处断面图，其中左端键槽深 4 mm，右端键槽深 3.5 mm。

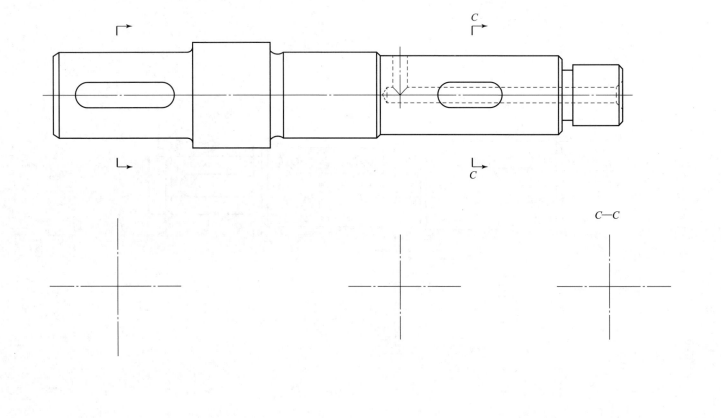

任务3：机件典型和特殊结构表达方法——基础训练

2. 根据机件主、俯视图，在主视图位置画出十字肋的重合断面图。

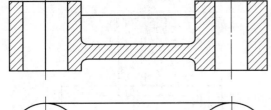

4. 根据机件主、俯视图，在主视图位置画出 $A-A$ 移出断面图。

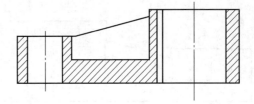

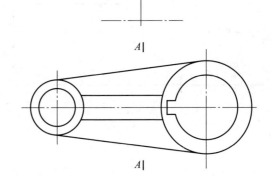

3. 指出所给机件断面图中错误的画法，并画出正确的断面图。

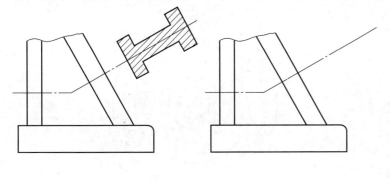

班级　　　　　　　姓名　　　　　　　学号

任务3：机件典型和特殊结构表达方法——基础训练

5. 按简化画法，在合适位置画出全剖视图。

6. 按简化画法，在合适位置画出全剖视图。

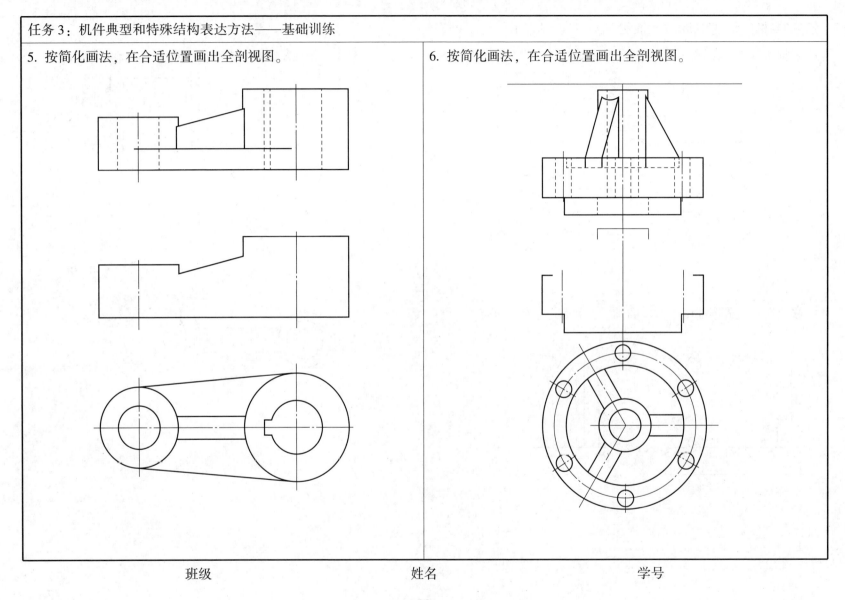

班级　　　　　　　　姓名　　　　　　　　学号

任务3：机件典型和特殊结构表达方法——基础训练

7. 在视图下方用2∶1的比例画出Ⅰ和Ⅱ两处局部放大图。

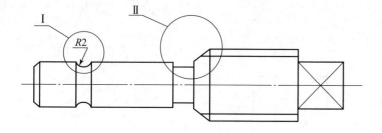

8. 按简化画法，在视图下方重新表达A、B两处局部视图。

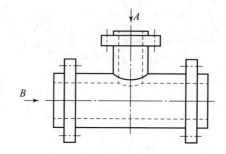

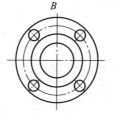

班级　　　　　姓名　　　　　学号

任务4：第三角投影认知——任务实施

一、任务名称：第三角投影认知

二、目的和内容

1. 目的

（1）了解第三角投影法的概念、第三角画法与第一角画法的区别、第三角投影图的形成等基本知识，培养第三角投影视图基本认知能力。

（2）掌握第三角画法基本视图的形成及其配置、第一角和第三角画法的识别符号等基本知识，培养第三角投影视图基本应用能力。

2. 内容

（1）根据组合体立体图及其两面视图，按第三角投影方法补画出其第三面投影（题1）。

（2）根据组合体两面视图，按第三角投影方法补画出其第三面投影（题2）。

题1. 根据组合体立体图及其两面视图，按第三角投影方法补画出其第三面投影。

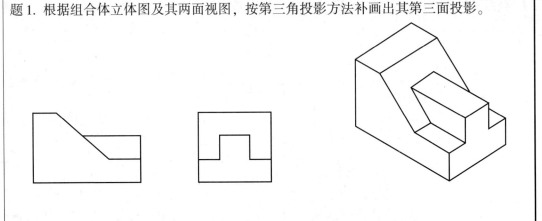

题2. 根据组合体两面视图，按第三角投影方法补画出其第三面投影。

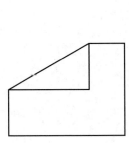

班级　　　　　姓名　　　　　学号

— 92 —

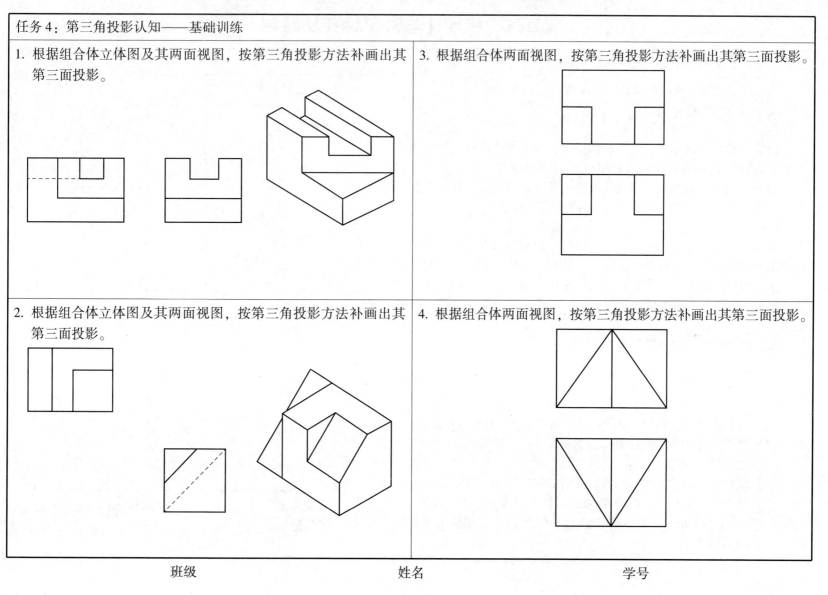

项目五 标准件与常用件视图绘制

任务1：螺纹和螺纹连接画法——任务实施

一、任务名称：螺纹和螺纹连接画法

二、目的和内容

1. 目的

（1）掌握螺纹的形成、要素名称用项代号、螺纹的分类及其画法、标注等基本知识，培养螺纹认知、画法及标注等基础能力。

（2）掌握螺纹紧固件类型及其画法、螺纹紧固件标记及标准参数的查表方法，培养螺纹紧固件及其装配画法的基础应用能力。

2. 内容

选用A4图纸幅面，按1:1比例绘图（也可直接在右图上直接绘制，但绘图比例需根据右图实际大小和标注尺寸计算确定），根据连接件厚度及其孔径，选择螺栓、垫圈（平垫圈）和螺母紧固件型号，并将各紧固件型号标记写在下方的横线上；根据所选择的螺栓、垫圈（平垫圈）和螺母，画出其连接图。

三、任务完成步骤与注意事项

1. 任务完成步骤

（1）根据右图所标注尺寸，计算并标准化螺栓的规格尺寸 d 和 L，其中：孔径按 $1.1d$，螺栓长度 L 按 $\delta_1 + \delta_2 + m + h + a$ 计算。

（2）根据螺栓的规格尺寸 d，查表并确定垫片、螺母的规格尺寸。

（3）根据确定的各紧固件型号，在横线写出各紧固件型号标记。

2. 注意事项

（1）螺栓规格尺寸 d 和 L 大致计算后必须标准化，取标准值。

（2）螺栓长度 L 计算公式中 δ_1 为连接件1厚度，δ_2 为连接件2厚度，m 为螺母厚度，$m \approx 0.8d$，h 为垫圈厚度，$h \approx 0.15d$，a 为螺栓伸出螺母的长度 $a \approx (0.3 \sim 0.4)d$。

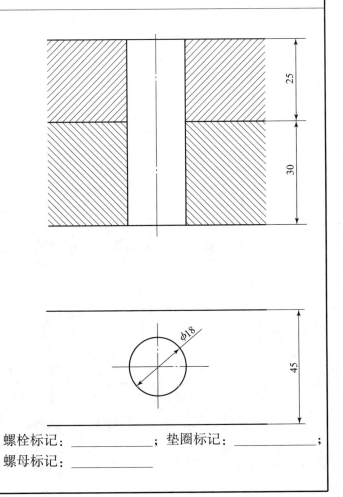

螺栓标记：_____；垫圈标记：_____；
螺母标记：_____

班级　　　　　　　姓名　　　　　　　学号

任务1：螺纹和螺纹连接画法——基础训练

1. 分析下图中各螺纹的错误画法，并在指定位置画出正确画法。

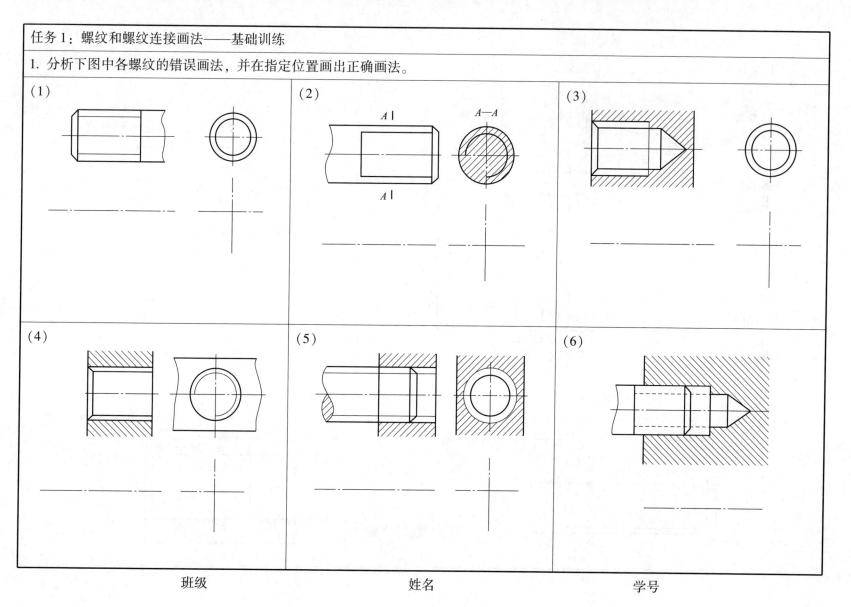

任务1：螺纹和螺纹连接画法——基础训练

2. 解释下表中各螺纹标记的含义，并将结果填写在表中相应位置。

螺纹标记	螺纹种类	大径	螺距	导程	线数	旋向	公差带代号
M20－6h							
M16×1－5g6g							
M24LH－7H							
B32×6LH－7e							
Tr48×16(P8)－8H							
G1A							
R11/2							
RC1－LH							
RP2							

3. 根据给定螺纹的各要素及其参数，在螺纹上标注出相应标记代号。

粗牙普通外螺纹，公称直径30 mm，螺距3.5 mm，单线，右旋，螺纹公差带：中径5g，大径6g，旋合长度属于中等一组。

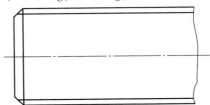

4. 根据给定螺纹的各要素及其参数，在螺纹上标注出相应标记代号。

细牙普通外螺纹，公称直径30 mm，螺距2 mm，单线，右旋，螺纹公差带：中径5g，大径6g，旋合长度属于中等一组。

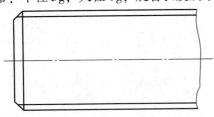

5. 根据给定螺纹的各要素及其参数，在螺纹上标注出相应标记代号。

粗牙普通内螺纹，公称直径24 mm，螺距3 mm，单线，右旋，螺纹公差带：中径、小径均为6H，旋合长度属于短的一组。

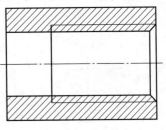

班级	姓名	学号

任务1：螺纹和螺纹连接画法——基础训练

6. 根据给定螺纹的结构参数，在螺纹上标注出相应标记代号。
　　非螺纹密封的管螺纹，尺寸代号 3/4，公差等级为 A 级，右旋。

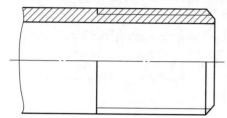

7. 根据给定螺纹的结构参数，在螺纹上标注出相应标记代号。
　　梯形螺纹，公差直径 30 mm，螺距 6 mm，双线，左旋。

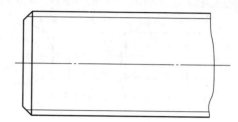

8. 根据给定螺纹的结构参数，在螺纹上标注出相应标记代号。
　　55°密封管螺纹，尺寸代号为 1/4，左旋。

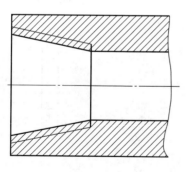

9. 根据给定螺纹的结构参数，在螺纹上标注出相应标记代号。
　　锯齿形螺纹，公称直径为 40 mm，螺距 7 mm，单线，左旋，中径公差带代号为 7e，长旋合长度。

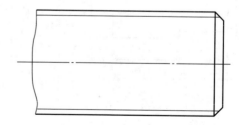

| 班级 | 姓名 | 学号 |

任务1：螺纹和螺纹连接画法——基础训练

10. 根据给定的螺柱紧固件标记内容，查表并在视图上标记出各紧固件的尺寸。

(1) 六角头螺栓：螺栓 GB/T 5782—2000 M16×65

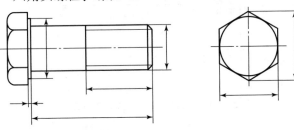

(2) 开槽沉头螺钉：螺钉 GB/T 68—2000 M10×50

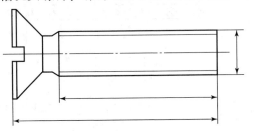

(3) 螺柱 GB/T 898 M20×40

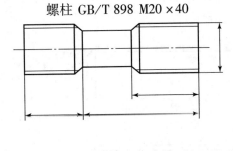

(4) 螺母 GB/T 6170 M16

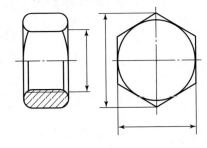

(5) 垫圈 GB/T 97.1 12

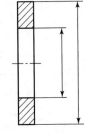

班级　　　　姓名　　　　学号

任务1：螺纹和螺纹连接画法——基础训练

11. 根据各螺纹紧固件所注规格尺寸，在下方横线上写出各紧固件的规定标记（可查阅相应国家标准）。

(1)
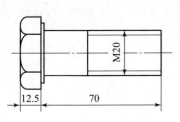
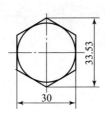

(2)
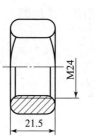
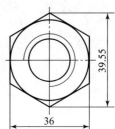

(3)
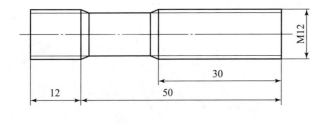

(4)
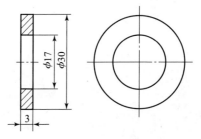

班级　　　　　　姓名　　　　　　学号

任务 1：螺纹和螺纹连接画法——基础训练

12. 已知螺栓 GB/T 5780—2000 M16×80，螺母 GB/T 6170—2000 M16，垫圈 GB/T 97.1—2002 16，两个被连接件厚度均为 28，用近似画法画出连接的主、俯视图（按比例 1∶1 绘制）。

13. 已知螺柱 GB/T 898—1988 M16×40、螺母 GB/T 6170—2000 M16，垫圈 GB/T 97.1—2002 16，有通孔的被连接件厚度 $\delta = 18$ mm，用近似画法画出连接的主、俯视图（按比例 1∶1 绘制）。

| 班级 | 姓名 | 学号 |

任务1：螺纹和螺纹连接画法——基础训练

14. 已知螺钉 GB/T 68—2000 M8×30，第一个被连接件厚 12 mm，其上沉孔深 5 mm，用近似画法画出连接的主、俯视图（按比例 1∶1 绘制）。

15. 已知螺钉 GB/T 71—2000 M12×25 固定轮子和轴，在图中轴线处画出紧定螺钉连接装配图（按比例 1∶1 绘制）。

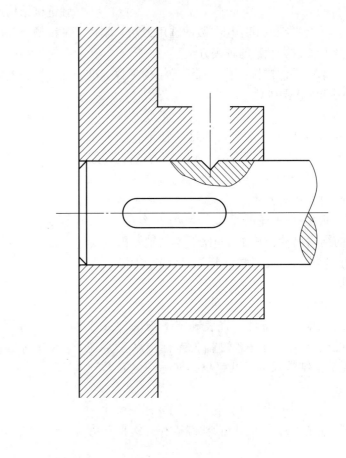

班级　　　　姓名　　　　学号

任务2：键连接画法——任务实施

| 一、任务名称：键连接画法 二、目的和内容 1. 目的 （1）学会平键及其结构参数的选用方法，掌握平键连接中各结构参数的查表方法。 （2）掌握平键连接中孔、轴键槽结构参数标准化、画法和连接图画法。 2. 内容 （1）根据平键（A型）连接处轴颈直径（轴颈直径为12 mm），选择平键（A型）的结构参数，确定选用的平键（A型）的型式代号（题1）和轴、孔键槽的结构尺寸。 （2）根据已选择的平键（A型）类型和孔、轴键槽的结构尺寸，按1∶1比例绘制轴键槽（标注尺寸）（题2）、孔键槽（标注尺寸）（题3）及其键连接图（题4）。 三、绘图步骤 （1）根据已知条件，查表确定平键的型式代号、轴键槽结构尺寸、轴键槽公差标注（正常连接）、孔键槽结构尺寸、孔键槽公差标注（正常连接）等参数。 （2）绘制轴键槽和孔键槽结构图并标注尺寸。 （3）绘制平键（A型）、轴键槽和孔键槽三者连接图。 | 题1： 平键型式代号：_____ 轴键槽结构尺寸：_____ 轴键槽公差标注（正常连接）：_____ 孔键槽结构尺寸：_____ 孔键槽公差标注（正常连接）：_____ 题3： 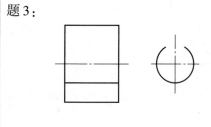 | 题2：  题4： 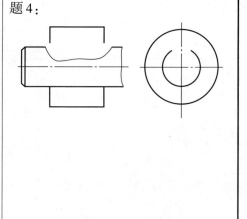 |

班级　　　　　姓名　　　　　学号

任务 2：键连接画法——基础训练

1. 画出轴上 $\phi 28$ 段处键槽的移出断面图，根据已经尺寸查表确定该轴及其配合皮带轮孔处的键槽尺寸，并标注两处尺寸。

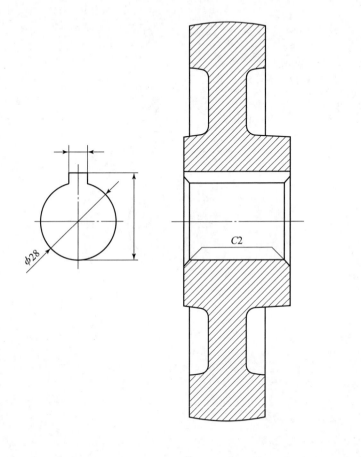

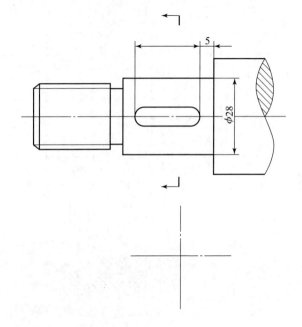

任务2：键连接画法——基础训练

2. 依据上题确定的轴、皮带轮上键槽的尺寸，画出轴与皮带轮连接后的连接画法（键槽画在上方）。

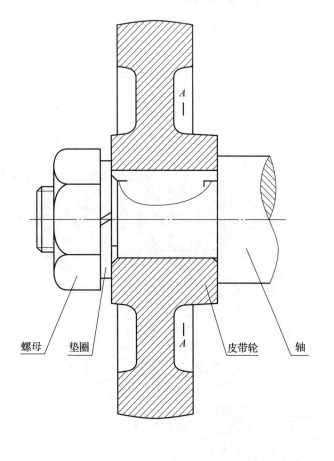
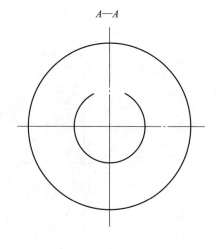

任务2：键连接画法——基础训练

3. 有一齿轮与轴的连接用平键传递扭矩，已知平键尺寸 $b = 10$ mm，$L = 28$ mm。齿轮与轴的配合为 $\phi 35 H7/h6$，平键采用正常连接。试用局部视图和断面图分别画出齿轮轮毂和轴上键槽，标注必要尺寸（槽宽和槽深），查出各键槽尺寸偏差、几何公差和表面粗糙度，并分别标注在齿轮轮毂和轴上键槽相应的视图上。

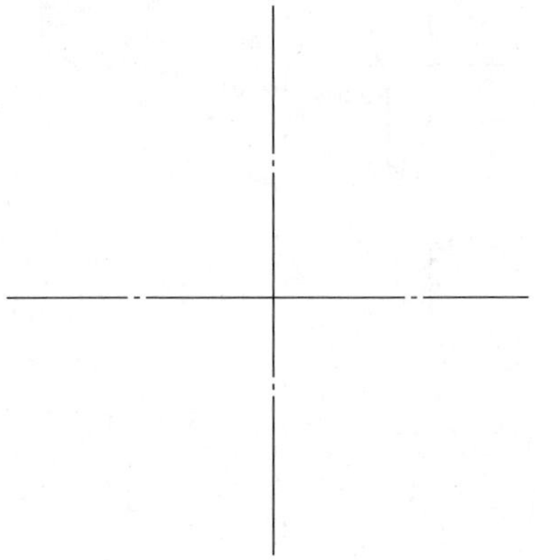

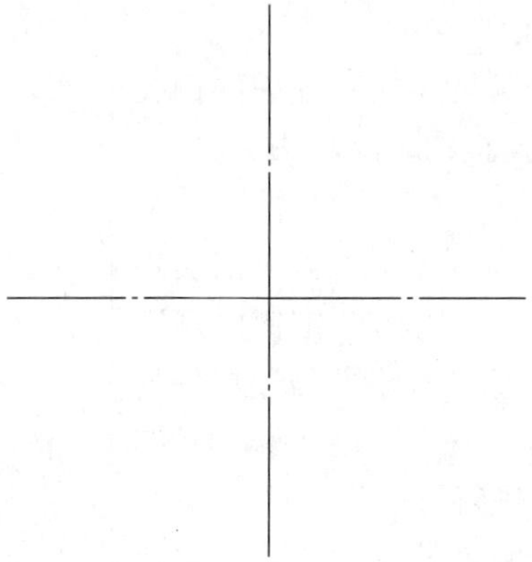

班级　　　　　　姓名　　　　　　学号

任务3：销连接画法——任务实施

一、任务名称：销连接画法

二、目的和内容

1. 目的

（1）学会销及其结构参数的选用方法，掌握销连接中销的型式标记方法。

（2）掌握销连接中两被连接零件中的销孔及其标注方法，掌握销连接的装配画法。

2. 内容

（1）选用公称直径为 6 mm 的圆锥销实现右图两连接件的装配连接，写出圆锥销的规定标记代号，并用 1∶1 比例补画出两被连接件的装配画法（题1），销的长度参数可根据图按 1∶1 比例测量后，并进行标准化。

（2）根据完成的装配连接画法，拆分出两被连接件，并对销孔结构进行标注（题2）。

三、任务实施步骤

（1）根据已知条件，查表确定出销的型式代号。

（2）根据销的结构尺寸绘制销连接的结构图。

（3）根据已经完成的销连接装配图，拆分出两被连接件，并对销孔结构进行标注。

题1：

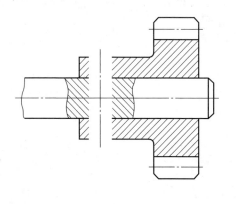

标记代号：_____

题2：

班级　　　　姓名　　　　学号

任务3：销连接画法——销连接

如图所示，已知齿轮与轴用直径为 10 mm 的圆柱销连接，（1）查表写出圆柱销的规定标记代号（销的长度参数可根据下图按 1∶1 比例测量后，并进行标准化）；（2）用 1∶1 比例补画全销连接的剖视图；（3）根据完成的装配连接画法，拆分出两被连接件，并对销孔结构进行标注。

(1)

标记代号：_____

(2)

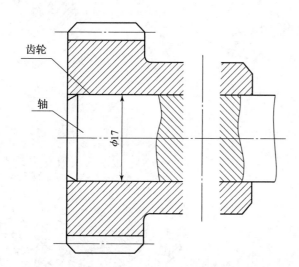

(3)

班级　　　　　　姓名　　　　　　学号

任务4：圆柱直齿齿轮啮合画法——任务实施

一、任务名称：圆柱直齿齿轮啮合画法

二、目的和内容

1. 目的
(1) 掌握圆柱直齿齿轮各部分结构参数的计算方法。
(2) 掌握圆柱齿轮及其啮合图的规定画法。

2. 内容
(1) 根据给出的两齿轮的结构参数，按规定画法分别绘制出大、小齿轮视图（题1和题2），并标注尺寸。
(2) 根据所绘制的大、小齿轮视图，选择恰当的视图表达方案，采用A4图纸幅面和1∶1绘图比例，完成两齿轮的啮合图（题3）。

三、绘图步骤

(1) 根据所给参数先计算出各齿轮的各部分尺寸及两齿轮的中心距。
(2) 画主、左两个视图，主视图采用全剖，视图要符合规定画法。
(3) 轻画底稿，检查后描深。
(4) 标注尺寸，填写标题栏。

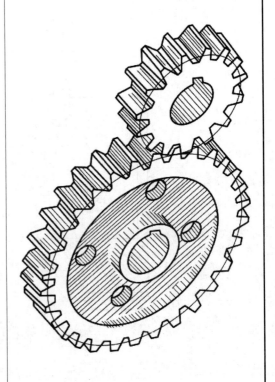

表1：两齿轮主要参数

参数\名称	模数	齿数	齿宽/mm	轴孔直径/mm	键槽宽/mm	键槽深/mm
大齿轮	4	30	35	24	8	3.3
小齿轮	4	15	35	20	6	2.8

表2：大齿轮其他参数

轮毂直径/mm	轮毂长/mm	轮缘直径/mm	辐板厚度/mm	4小孔分布圆周直径/mm	4小孔直径/mm
40	40	88	11	64	10

任务4：圆柱直齿齿轮啮合画法——任务实施

题1：

题2：

班级　　　　　　　姓名　　　　　　　学号

任务4：圆柱齿齿轮啮合画法——任务实施

题3（本页纵向放置）：

班级　　　　　姓名　　　　　学号

任务 4：圆柱直齿齿轮啮合画法——基础训练

1. 已知直齿圆柱齿轮模数 $m=5$，齿数 $z=40$，试计算该齿轮的分度圆、齿顶圆和齿根圆的直径，用 1∶2 比例补画下列两视图，并标注必要的尺寸（轮齿倒角为 $C1.5$）。

分度圆直径： 　　　　　　　　　　　齿顶圆直径： 　　　　　　　　　　　齿根圆直径：

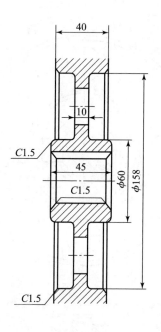
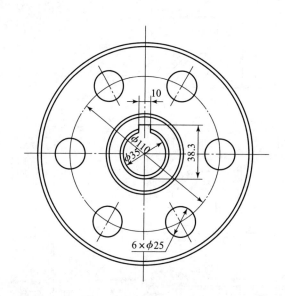

任务 4：圆柱直齿齿轮啮合画法——基础训练

2. 已知一对直齿圆柱齿轮的齿数为：$Z_1 = 17$，$Z_2 = 37$，中心距 $a = 54$ mm，试计算齿轮的几何尺寸，用 1：1 比例补画其啮合图。

齿轮 1 分度圆直径：　　　　　　　　　　齿轮 1 齿顶圆直径：　　　　　　　　　　齿轮 1 齿根圆直径：

齿轮 2 分度圆直径：　　　　　　　　　　齿轮 2 齿顶圆直径：　　　　　　　　　　齿轮 2 齿根圆直径：

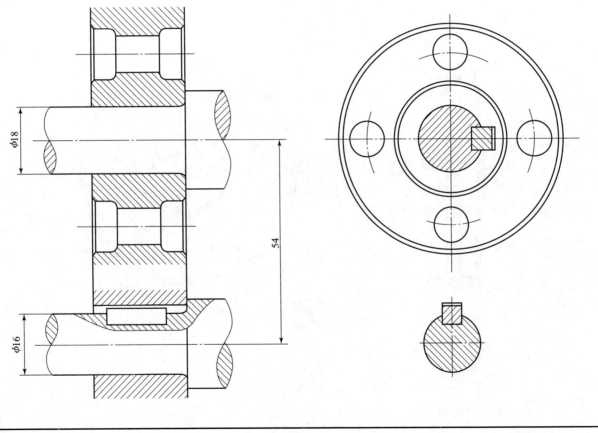

班级　　　　　　　　　姓名　　　　　　　　　学号

任务5：深沟球轴承装配画法——任务实施

一、任务名称：深沟球轴承装配画法

二、目的和内容

1. 目的

（1）掌握深沟球轴承结构参数的含义及其选择方法。

（2）掌握深沟球轴承的规定画法及其装配画法。

2. 内容

（1）根据给出的深沟球轴承的型式代号，分别解释各代号的含义（题1）。

（2）根据深沟球轴承的型式代号，按规定画法绘制出该轴承的装配画法（题2）。

三、任务完成步骤和注意事项

1. 任务完成步骤

（1）根据给出的深沟球轴承的型式代号，分别解释各代号的含义。

（2）按规定画法绘制出该轴承的装配画法。

2. 注意事项

（1）防止滚动轴承在运动中产生轴向窜动，绘制轴承装配画法时应体现滚动轴承的轴向定位，即将滚动轴承的内、外圈沿轴向顶紧。

（2）为便于用拆卸工具将滚动轴承拆下，轴肩或孔肩的径向尺寸应小于轴承内圈或外圈的径向厚度。

题1：说明滚动轴承6204（GB/T 276—2013）各基本代号的含义。

题2：按规定画法画出轴和轴承6204（GB/T 276—2013）间的装配图。

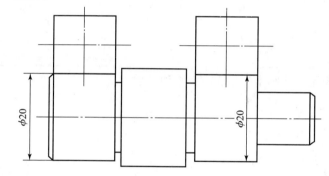

任务 5：深沟球轴承装配画法——基础训练

1. 按规定画法画出型号 6208 滚动轴承。

2. 按规定画法画出型号 30308 滚动轴承。

3. 说明滚动轴承 30305（GB/T 297—2015）各基本代号的含义，并用规定画法按 1∶1 比例画出该轴承的装配图。

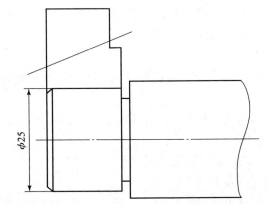

班级　　　　　　姓名　　　　　　学号

任务6：圆柱螺旋压缩弹簧画法——任务实施

一、任务名称：圆柱螺旋压缩弹簧画法

二、目的和内容

1. 目的

掌握弹簧的作用和种类，圆柱螺旋压缩弹簧各结构名称、代号及尺寸关系，圆柱螺旋压缩弹簧的视图、剖视图、示意图画法及其在装配图中的画法，圆柱螺旋压缩弹簧作图步骤等基础知识；培养圆柱螺旋压缩弹簧结构参数选用和圆柱螺旋压缩弹簧在不同场合下的画法等基础应用能力。

2. 内容

已知圆柱螺旋压缩弹簧的簧丝直径为 6 mm，弹簧中径为 60 mm，节距为 12 mm，弹簧的有效圈数为 6，支承圈数为 2.5，右旋，画出该弹簧的全剖视图。

三、绘图步骤和注意事项

1. 绘图步骤

（1）根据有效圈数、支承圈数等参数，计算出弹簧的自由高度 H_0，以弹簧的自由高度 H_0 和中径 D 作矩形。

（2）画出两端支承圈数部分簧丝直径相等的圆和半圆。

（3）根据节距 t 画出两端簧丝剖面。

（4）按右旋方向作簧丝剖面的切线，校核，加深并画剖面线。

2. 注意事项

（1）螺旋弹簧在平行于轴线的投影面的视图中，常用直线代替螺旋线。

（2）不论弹簧支承圈的圈数是多少，均按2.5圈形式绘制。

班级　　　　姓名　　　　学号

任务6：圆柱螺旋压缩弹簧画法——基础训练

1. 已知圆柱螺旋压缩弹簧的簧丝直径 $d = 6$ mm，弹簧中径 $D = 50$ mm，节距 $t = 12$ mm，弹簧的有效圈数 $n = 6$，支承圈 $n_2 = 2.5$，左旋，画出弹簧的剖视图。

2. 已知圆柱螺旋压缩弹簧的簧丝直径 $d = 5$ mm，弹簧外径 $D_1 = 45$ mm，节距 $t = 8$ mm，有效圈数 $n = 10$，支承圈 $n_2 = 2.5$，右旋，画出弹簧的剖视图。

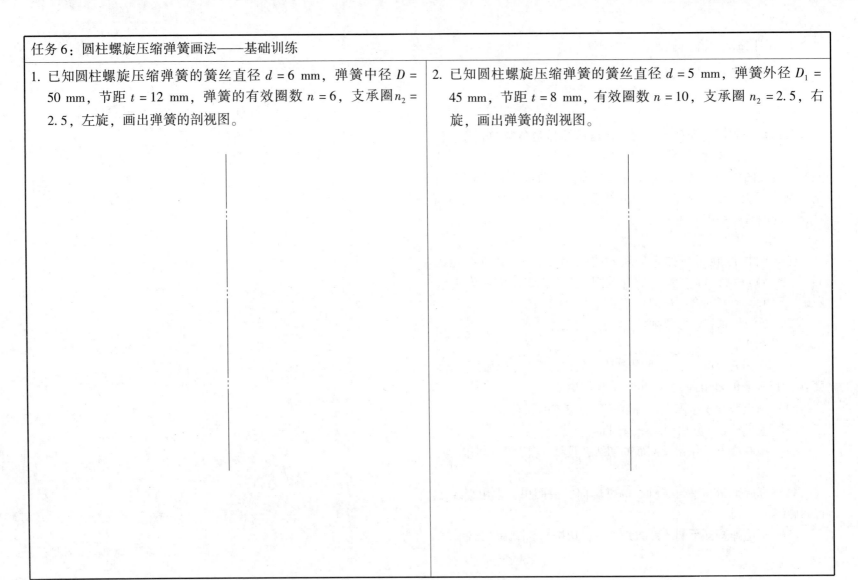

项目六　零件图绘制与识读

任务1：轴套类零件图绘制——任务实施

一、任务名称：轴套类零件图绘制

二、目的和内容

1. 目的

（1）掌握零件图的作用和内容、常见的铸造工艺结构和机械加工工艺结构等基础知识，培养识读零件图的基础能力。

（2）掌握零件的视图方案选择和轴套类零件的视图绘制方法、步骤等基础知识，培养零件的视图方案选择和轴套类零件图绘制能力。

2. 内容

用 A4 图幅，按比例 1:1，参照齿轮轴立体模型抄画右图零件图（题1，适用于近机械类各专业）或根据轴立体模型画出零件图（题2，适用于机械类各专业），标注全部尺寸，标注几何公差和表面粗糙度，绘制并填写标题栏。

三、绘图步骤与注意事项

1. 绘图步骤

（1）绘图准备。

（2）布置视图并画视图的基准线。

（3）画主体结构底稿线；画局部细节结构底稿线。

（4）校核齿轮轴底稿、修改错误图线、擦除多余辅助线和底稿线、图线加深、画出剖面线等。

2. 注意事项

（1）先画出边框线、图框线和标题栏（采用简化画法），标题栏也可先只留位置。

（2）布置视图前，应大致计算出各视图、视图间间隔、尺寸标注所占区间大小。

（3）画视图的基准线时，应留出标注尺寸和画其他补充视图的地方。

题1（适用于近机械类各专业）

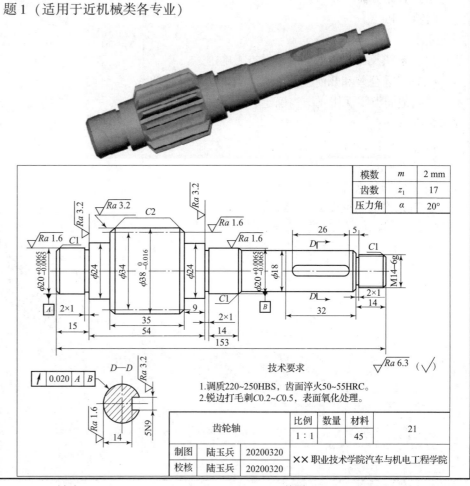

任务1：轴套类零件图绘制——任务实施

题2（适用于机械类各专业）

零件名称：轴

材料：45

要求：

（1）键槽尺寸和技术要求根据查表确定。

（2）尺寸公差和几何公差参照"第1题"齿轮轴零件或其他同类零件相应结构确定，公差数值应合理并取标准值。

技术要求：

1. 淬火硬度 40~50 HRC；
2. 未注圆角 R1；
3. 其余表面粗糙度为 Ra 6.3 μm。

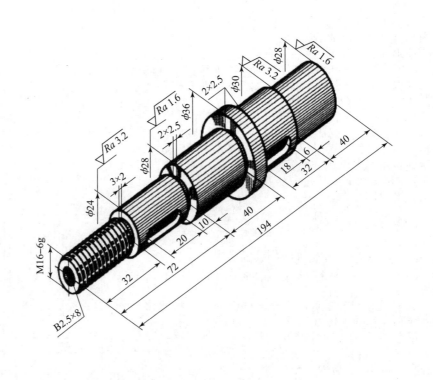

班级　　　姓名　　　学号

任务1：轴套类零件图绘制——基础训练

1. 分析如图所示零件图，并结合后附装配图，按要求完成下列各问题。

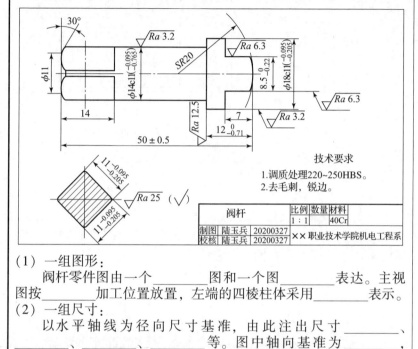

(1) 一组图形：
   阀杆零件图由一个_____图和一个图_____表达。主视图按_____加工位置放置，左端的四棱柱体采用_____表示。

(2) 一组尺寸：
   以水平轴线为径向尺寸基准，由此注出尺寸_____、_____、_____、_____等。图中轴向基准为_____，此基准为（主要基准或辅助基准），由此注出的尺寸有_____、_____、_____。

(3) 技术要求：
   阀杆零件图中所标注尺寸有公差要求的有_____、_____、_____、_____等，其中尺寸精度要求最高的尺寸为_____，公差值为_____。$\phi 14c11$轴段处的表面粗糙度Ra值为_____。

阀杆经过_____热处理后，其硬度应达到220～250HBS，以提高材料的韧性和强度。热处理后，零件加工时还应进行_____和_____最后工序处理。

(4) 标题栏：
   阀杆零件加工所用材料为_____，绘图所采用比例为_____。

(5) 综合分析：
   如图所示为阀杆所在装配体球阀立体图，请根据阀杆零件所装配位置说明阀杆零件作用及相邻配合零件名称。阀杆零件作用：_____。

   相邻配合零件名称：_____。

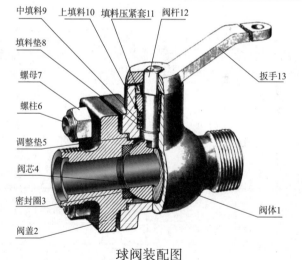

球阀装配图

任务1：轴套类零件图绘制——基础训练

2. 零件铸造工艺结构分析：选择采用铸造方法制造毛坯结构合理的图形，在相应的视图下方的括号中划"√"，并说明理由。

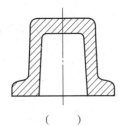　　　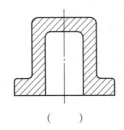

（　　）　　　　　　　（　　）

理由：_____

4. 零件铸造工艺结构分析：选择采用车削加工螺纹结构设计合理的图形，在相应的视图下方的括号中划"√"，并说明理由。

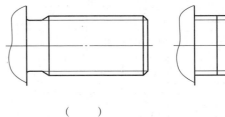　　　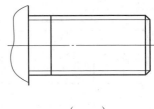

（　　）　　　　　　　（　　）

理由：_____

3. 零件铸造工艺结构分析：选择采用铸造方法制造毛坯结构合理的图形，在相应的视图下方的括号中划"√"，并说明理由。

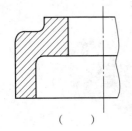　　　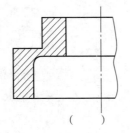

（　　）　　　　　　　（　　）

理由：_____

5. 零件铸造工艺结构分析：选择采用车削加工螺纹结构设计合理的图形，在相应的视图下方的括号中划"√"，并说明理由。

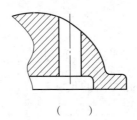　　　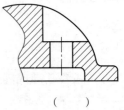

（　　）　　　　　　　（　　）

理由：_____

班级　　　　　　　姓名　　　　　　　学号

任务2：轮盘类零件图绘制——任务实施

一、任务名称：齿轮零件图绘制

二、目的和内容

1. 目的

（1）掌握零件图尺寸标注的基础知识，培养零件图尺寸标注的应用能力。

（2）掌握尺寸公差标注的基础知识，培养零件图尺寸公差标注的基础能力。

（3）掌握轮盘类零件的特点、视图方案选择及轮盘类零件图的绘制方法，培养绘制轮盘类零件图的应用能力。

2. 内容

用 A3 图幅，按比例 1∶1，参照齿轮立体模型抄画右图零件图（题1，适用于近机械类各专业），或根据三通接头立体模型画出零件图（题2，适用于机械类各专业），标注全部尺寸，标注几何公差和表面粗糙度，绘制并填写标题栏。

三、绘图步骤与注意事项

1. 绘图步骤

（1）绘图准备。

（2）布置视图并画视图的基准线。

（3）画主体结构底稿线；画局部细节结构底稿线。

（4）校核底稿、修改错误图线、擦除多余辅助线和底稿线、图线加深、画出剖面线等。

2. 注意事项

（1）先画出边框线、图框线和标题栏，标题栏也可先只留位置。

（2）布置视图前，应大致计算出各视图、视图间间隔、尺寸标注所占区间大小。

（3）画视图的基准线时，应留出标注尺寸和画其他补充视图的地方。

题1（适用于近机械类各专业）

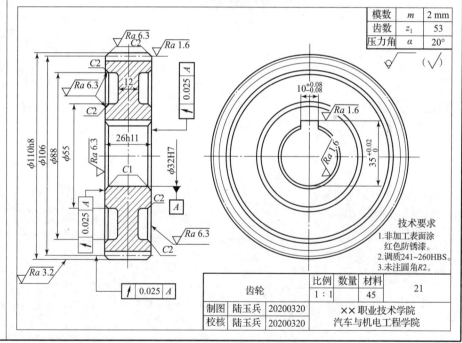

任务2：轮盘类零件图绘制——任务实施

题2（适用于机械类各专业）

零件名称：三通接头

材料：HT200

要求：

（1）键槽尺寸和技术要求根据查表确定。

（2）尺寸公差可参照同类零件相应结构确定，偏差数值应合理并取标准值。

（3）几何公差可不标注，如标注可参照同类零件确定。

技术要求：

1. 时效处理。

2. 未注圆角 R3～R5。

3. 其余表面粗糙度为 ▽（√）。

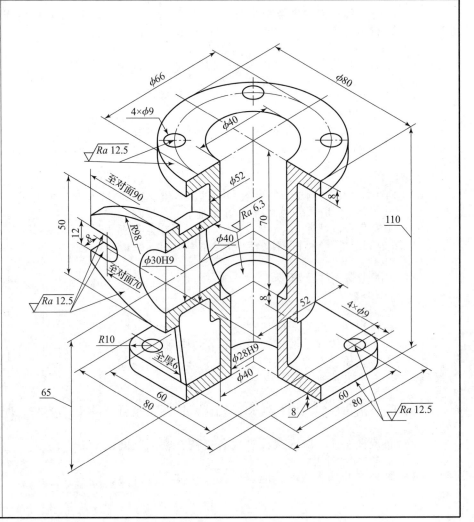

班级　　　　姓名　　　　学号

任务2：轮盘类零件图绘制——基础训练

1. 如图为轴承座的尺寸标注，在图中分别指出长、宽和高3个方向的基准。

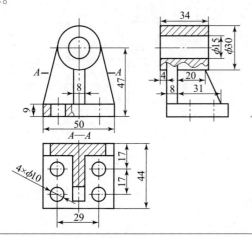

2. 如图为齿轮轴的尺寸标注，在图中指出轴向基准和径向基准，并说明端面Ⅰ、Ⅱ和Ⅲ各是何类基准（主要基准或辅助基准）。

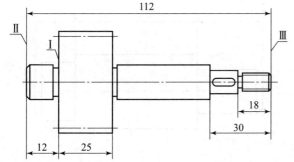

端面Ⅰ：_____ 端面Ⅱ：_____ 端面Ⅲ：_____

3. 如图为轴承挂架零件图的尺寸标注，读懂图中所标尺寸并填空。

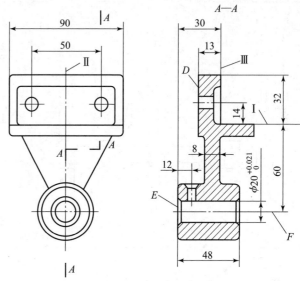

(1) Ⅰ为_____方向上的主要基准，以此基准标注的尺寸有_____；

(2) Ⅱ为_____方向上的主要基准，以此基准标注的尺寸有_____；

(3) Ⅲ为_____方向上的主要基准，以此基准标注的尺寸有_____；

(4) 三个方向的主要基准Ⅰ、Ⅱ、Ⅲ都是设计基准，又都是工艺基准，其中Ⅰ是加工_____的工艺基准；Ⅱ是加工_____的工艺基准，Ⅲ又是加工_____的工艺基准。

班级　　　　　　　姓名　　　　　　　学号

任务2：轮盘类零件图绘制——基础训练

4. 分析下图中尺寸标注的错误，在错误的尺寸上画"×"，并给出正确的尺寸标注。

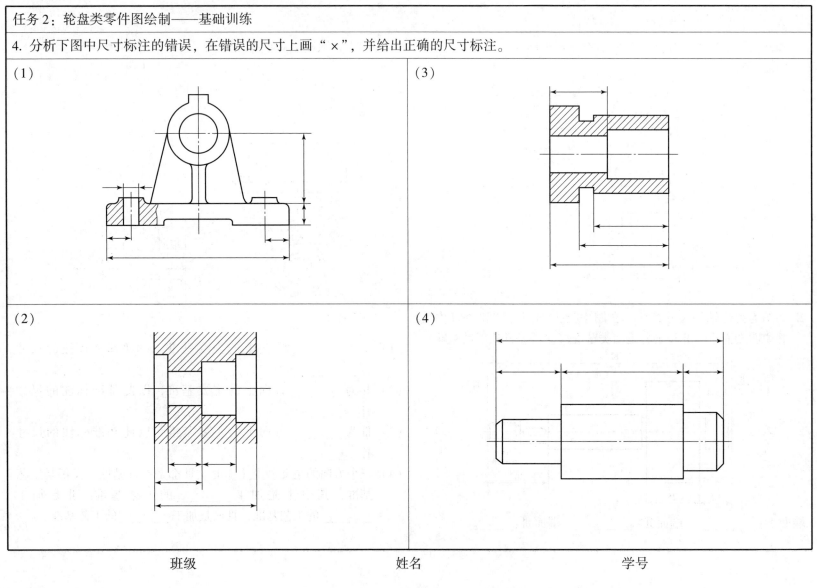

(1) (2) (3) (4)

班级　　　姓名　　　学号

任务2：轮盘类零件图绘制——基础训练

5. 读懂零件图的尺寸和尺寸公差标注，并填空。

(1) 轴零件

$\phi 20g6(^{-0.007}_{-0.020})$

如图所示尺寸公差标注中含义：

公称尺寸是_____，基本偏差代号是_____，公差等级是_____，上极限偏差是_____，下极限偏差是_____，公差值是_____。

(2) 轴套零件

如图所示尺寸公差标注中含义，尺寸①：

公称尺寸是_____，基本偏差代号是_____，公差等级是_____，上极限偏差是_____，下极限偏差是_____，公差值是_____。

如图所示尺寸公差标注中含义，尺寸②：

公称尺寸是_____，基本偏差代号是_____，公差等级是_____，上极限偏差是_____，下极限偏差是_____，公差值是_____。

① $\phi 20H7(^{+0.021}_{0})$
② $\phi 30f7(^{-0.020}_{-0.041})$

(3) 泵体零件

$\phi 30H8(^{+0.033}_{0})$

如图所示尺寸公差标注中含义：

公称尺寸是_____，基本偏差代号是_____，公差等级是_____，上极限偏差是_____，下极限偏差是_____，公差值是_____。

(4) 根据题（1）、（2）和（3）各图尺寸和尺寸公差标注，在下图中完成相应的配合尺寸标注。

轴套

轴

泵体

班级　　　　　　姓名　　　　　　学号

任务3：支架类零件图绘制——任务实施

一、任务名称：支架类零件图绘制
二、目的和内容
1. 目的

（1）掌握几何公差标注的基础知识，培养零件图几何公差标注的基础能力。

（3）掌握支架类零件的特点、视图方案选择及轮盘类零件图绘制方法，培养绘制支架类零件图的应用能力。

2. 内容

用 A3 图幅，按比例 1:1，抄画右图支架零件图（题1，适用于近机械类各专业），或根据支架立体模型画出零件图（题2，适用于机械类各专业），标注全部尺寸，标注几何公差和表面粗糙度，绘制并填写标题栏。

三、绘图步骤与注意事项
1. 绘图步骤

（1）绘图准备。

（2）布置视图并画视图的基准线。

（3）画主体结构底稿线；画局部细节结构底稿线。

（4）校核底稿、修改错误图线、擦除多余辅助线和底稿线、图线加深、画出剖面线等。

2. 注意事项

（1）先画出边框线、图框线和标题栏，标题栏也可先只留位置。

（2）布置视图前，应大致计算出各视图、视图间间隔、尺寸标注所占区间大小。

（3）画视图的基准线时，应留出标注尺寸和画其他补充视图的地方。

题1（适用于近机械类各专业）

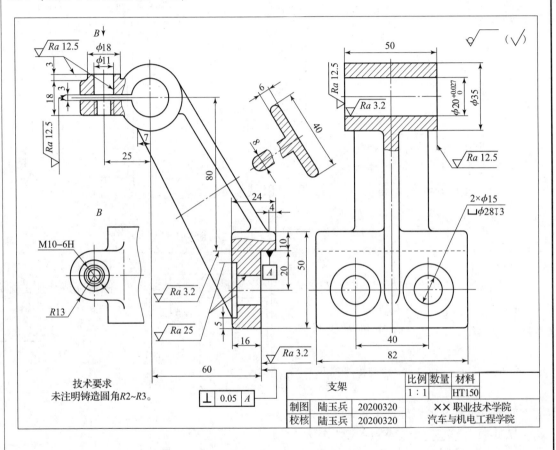

任务3：支架类零件图绘制——任务实施

题2（适用于机械类各专业）

零件名称：支架

材料：HT150

要求：

（1）参照题1视图表达方法，合理确定视图数量和类型。

（2）立体图中未指明的尺寸公差可参照同类零件相应结构确定，但偏差数值应体现合理并取标准值。

（3）几何公差可参照题1中视图相应结构类比标注，也可参照其他同类零件相应结构类比标注。

（4）表面粗糙度可参照立体图所指示结构相应位置标注，但标注方法应正确。

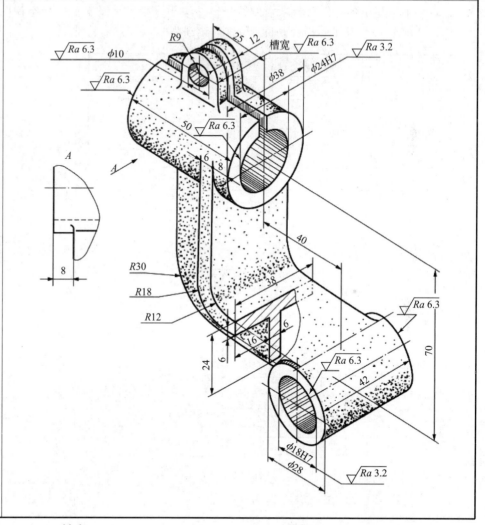

技术要求：

1. 无铸造缺陷。
2. 未加表面去毛刺，涂防锈漆。
3. 未注圆角 $R2 \sim R3$。
4. 其余表面粗糙度为 ∇(√)。

任务3：支架类零件图绘制——基础训练

1. 在下表中填写出各几何公差项目的符号，并注明该项目是属于何种几何公差类型（形状、方向、位置或跳动公差）。

项目	符号	几何公差类别	项目	符号	几何公差类别
同轴度			圆度		
圆柱度			平行度		
位置度			平面度		
面轮廓度			圆跳动		
全跳动			直线度		

3. 填空说明图中几何公差代号的含义。

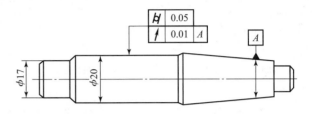

（1）_____圆柱面的_____公差为_____，公差值为_____；

（2）_____圆柱面对圆锥轴段的轴线的_____公差为_____，公差值为_____。

2. 填空说明图中几何公差代号的含义。

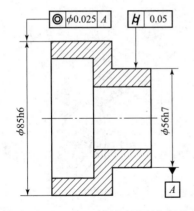

（1）_____的轴线对_____轴线的同轴度公差为_____；

（2）_____圆柱面的圆柱度公差为_____。

4. 填空说明图中几何公差代号的含义。

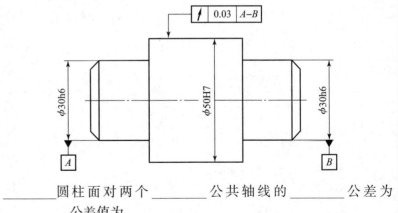

_____圆柱面对两个_____公共轴线的_____公差为_____，公差值为_____。

班级　　　　　　　姓名　　　　　　　学号

任务4：箱体类零件图绘制——任务实施

一、任务名称：箱体类零件图绘制

二、目的和内容

1. 目的

（1）掌握表面粗糙度标注的基础知识，培养零件图表面粗糙度标注的基础能力。

（3）掌握箱体类零件的特点、视图方案选择及箱体类零件图绘制方法，培养绘制箱体类零件图的应用能力。

2. 内容

用A3图幅，按比例1∶1，抄画右图泵体零件图，标注全部尺寸，标注几何公差和表面粗糙度，绘制并填写标题栏。

三、绘图步骤与注意事项

1. 绘图步骤

（1）绘图准备。

（2）布置视图并画视图的基准线。

（3）画主体结构底稿线；画局部细节结构底稿线。

（4）校核底稿、修改错误图线、擦除多余辅助线和底稿线、图线加深、画出剖面线等。

2. 注意事项

（1）先画出边框线、图框线和标题栏，标题栏也可先只留位置。

（2）布置视图前，应大致计算出各视图、视图间间隔、尺寸标注所占区间大小。

（3）画视图的基准线时，应留出标注尺寸和画其他补充视图的地方。

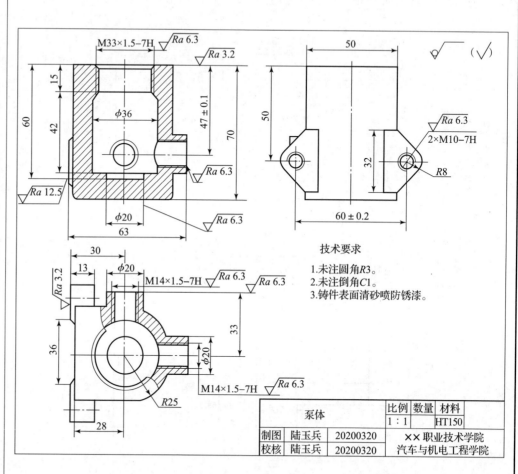

班级　　　　姓名　　　　学号

任务4：箱体类零件图绘制——基础训练

1. 分析图（a）中表面粗糙度的错误标注，在图（b）中给出正确标注。

2. 按要求标注零件表面粗糙度的代号。
   （1）用去除材料的方法获得 $\phi d1$、$\phi d3$，要求 Ra 最大允许值为 3.2 μm。
   （2）用去除材料的方法获得表面 a，要求 Rz 最大允许值为 3.2 μm。
   （3）其余用去除材料的方法获得表面，要求 Ra 允许值均为 25 μm。

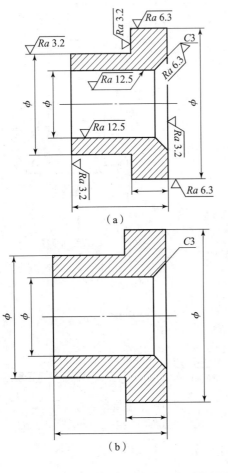

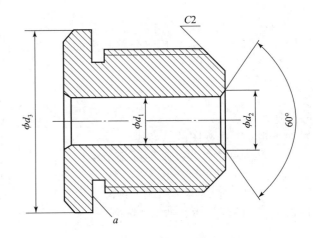

任务4：箱体类零件图绘制——基础训练

3. 如图方案一、方案二（见下页）为零件摇臂座的两个表达方案，结合立体模型比较摇臂座方案一、方案二优缺点，并填空。

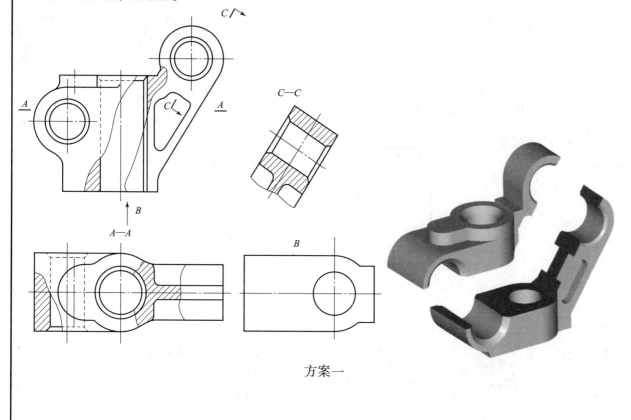

方案一

（1）方案一共用_____个视图表达。主视图主要表示零件的外形，并采用_____剖视图表示中间通孔的形状；俯视图上两处局部剖视分别表示_____和_____的局部形状；C–C剖视表示_____的内部形状，B 向局部视图表示_____的外形。

（2）与方案二相比较，该表达方案中的优缺点有哪些。

优点：

缺点：

班级　　　　姓名　　　　学号

任务4：箱体类零件图绘制——基础训练

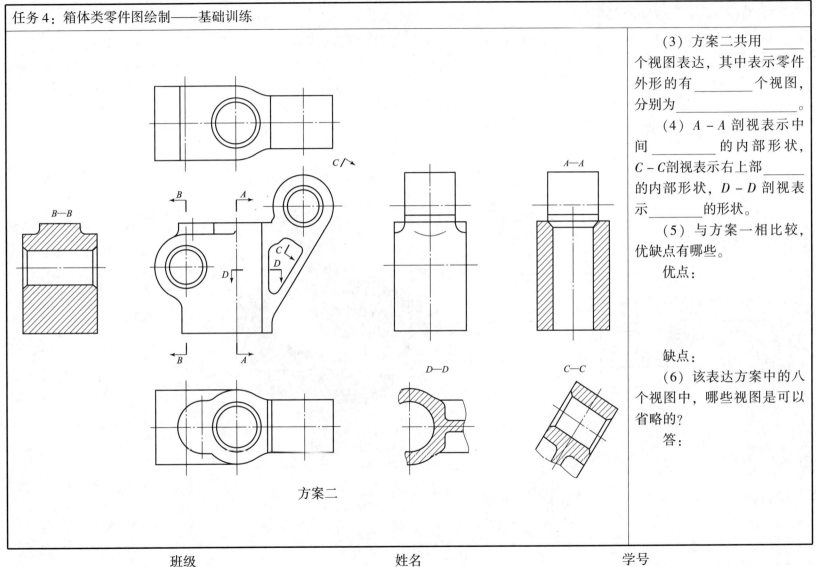

方案二

(3) 方案二共用_____个视图表达，其中表示零件外形的有_____个视图，分别为_____。

(4) $A-A$ 剖视表示中间_____的内部形状，$C-C$ 剖视表示右上部_____的内部形状，$D-D$ 剖视表示_____的形状。

(5) 与方案一相比较，优缺点有哪些。

优点：

缺点：

(6) 该表达方案中的八个视图中，哪些视图是可以省略的？

答：

班级　　　　　姓名　　　　　学号

任务5：零件图识读——任务实施

一、任务名称：读套筒零件图

二、目的和内容

1. 目的

掌握读零件图的基本要求、方法和步骤等基本知识，培养识读零件图的基本能力。

2. 内容

读懂右边套筒零件图，并完成下面填空。

(1) 该零件名称是_____，属于_____类零件。共用了_____个视图表达，其中基本视图_____有_____，还有一个_____和_____。材料选用_____。

(2) 该零件的尺寸基准有_____个，具体名称是_____。

(3) $C-C$ 端面圆孔的定形尺寸是_____，定位尺寸是_____。

(4) 标注 $\dfrac{6\times M6-6H\downarrow 8}{孔\downarrow 10EQS}$ 中，各字母和数字分别代表是_____。

(5) $\phi 60H7$ 表示公称尺寸为_____，H 表示_____，7 表示_____。

(6) 该零件表面粗糙度有_____个等级，最高等级为_____，最低等级为_____。

(7) ◎ $\phi 0.04$ A 表示几何公差项目为_____，公差值为_____，A 表示_____。

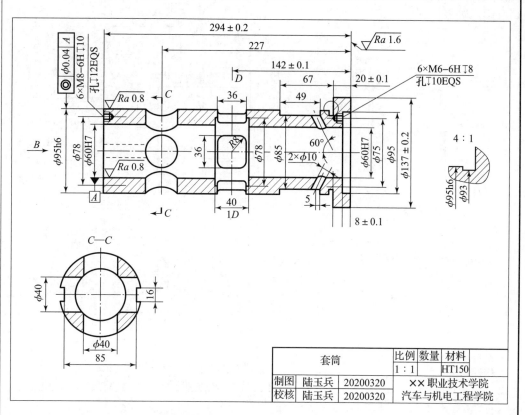

(8) $D-D$ 处孔形状是_____，定形尺寸是_____。

(9) 在标题栏上方画出 $D-D$ 移出断面图。

(10) 根据读图结果，简要描述出套筒零件结构形状。

班级　　　　姓名　　　　学号

任务5：零件图识读——基础训练

1. 读懂轴零件图，并完成下面填空。

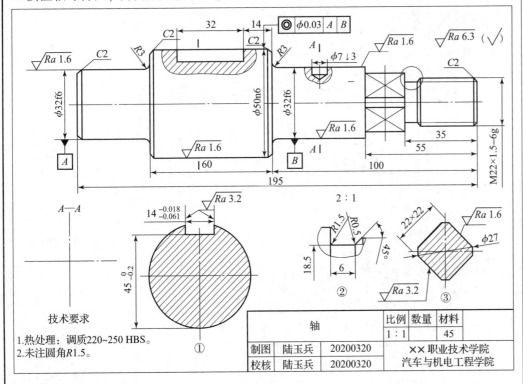

（1）此零件是_____类零件，主视图投影方向确定符合_____位置原则。

（2）主视图采用了_____剖视表达方法，分别用来表达_____和_____结构；主视图下方3个视图分别为_____（序号①）、_____（序号②）和_____（序号③），分别用于表达_____（序号①）、_____（序号②）和_____（序号③）。

（3）零件上 $\phi 50n6$ 的这段轴长度为____，表面粗糙度代号为_____。

（4）轴上平键的长度为_____，宽度为_____，定位尺寸为_____。

（5）$M22 \times 1.5 - 6g$ 的含义是：_____。

（6）图上（序号③）尺寸 22×22 的含义是：_____。

（7）尺寸 $\phi 50n6$ 的含义：公称尺寸为_____，公差等级为_____，是_____配合的非基准轴的尺寸及公差带标注。

（8）标注几何公差 ⊚ $\phi 0.03$ A B 的含义：被测要素为____，基准要素为____。公差项目为____，公差值为_____。

（9）在图上指定位置画出 A-A 移出断面图。

班级   姓名   学号

任务5：零件图识读——基础训练

2. 读懂阀盖零件图，并完成下面填空。

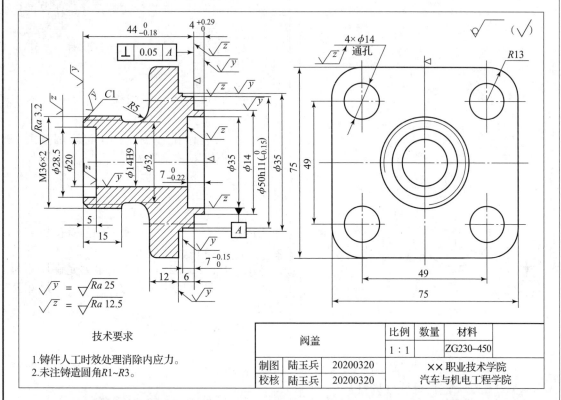

技术要求
1. 铸件人工时效处理消除内应力。
2. 未注铸造圆角R1~R3。

（1）主视图采用_____，表示阀盖两端的阶梯孔以及右端的圆形凸缘和左端的外螺纹。选用轴线水平放置，既符合_____位置原则，又符合阀盖在阀体中的_____位置原则。用外形视图表示带圆角的_____形凸缘及其四个角上的_____孔。

（2）对照球阀轴测装配图（见教材），阀盖通过_____与阀体连接，中间的通孔与_____的通孔对应。为了防止液体泄漏，阀盖与阀体之间安装有_____零件。

（3）以轴孔的轴线为_____尺寸基准，由此注出阀盖各部分同轴线的直径尺寸。以阀盖的重要端面（◁符号处）为_____尺寸基准，由此注出的尺寸有_____、_____以及_____、_____等，以阀盖前后对称面为_____尺寸基准，以阀盖的上下对称面为_____尺寸基准，注出带圆角的方形凸缘的外形尺寸_____，四个通孔的定位尺寸_____。

（4）阀盖是铸件，需进行_____处理，以消除_____。注有尺寸公差的 $\phi 50h11$，对照球阀轴测装配图可看出，与_____有配合关系，但由于相互之间没有相对运动，所以表面粗糙度要求不严，Ra 值为_____。作为长度方向主要尺寸基准的端面相对于阀盖水平轴线的垂直度位置公差为_____。

任务5：零件图识读——基础训练

3. 读懂皮带轮零件图，并完成下面填空。

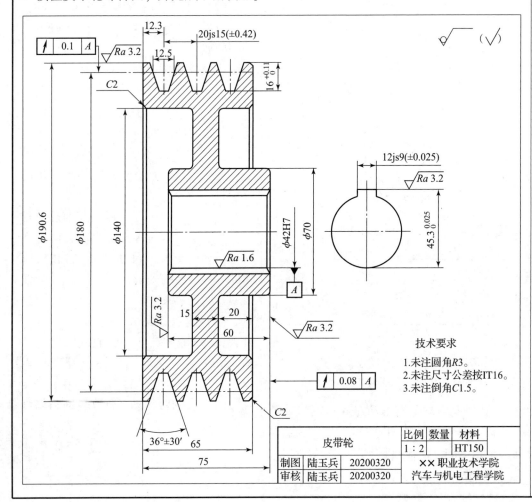

(1) 皮带轮零件的材料是_____，绘图比例为_____，即零件实际尺寸是所绘图形的_____倍。

(2) 零件有_____个皮带槽。皮带轮的总体尺寸：总长_____，总宽_____，总高_____。

(3) 用指引线和文字注释标注出三个方向的尺寸基准。

(4) 查表得孔 $\phi 42H7$ 的上极限偏差为_____，下极限偏差为_____，上极限尺寸为_____，下极限尺寸为_____，公称尺寸为_____。

(5) 皮带槽的上极限角度为_____，下极限角度为_____。槽宽的公差按标准公差_____查得，查得公差为_____。键槽尺寸12js9（±0.025）加工后最大允许尺寸为_____，最小尺寸允许为_____，尺寸公差为_____。

(6) 几何公差 | / | 0.08 | A | 含义为：
被测要素是_____，基准要素是_____，公差项目是_____，公差数值是_____。

(7) 零件上所注表面粗糙度共有_____种类型参数，其中表面质量要求最高（最光滑）表面的表面粗糙度的参数类型为_____(名称)，参数值为_____。

任务5：零件图识读——基础训练

4. 读懂支架零件图，并完成下面填空。

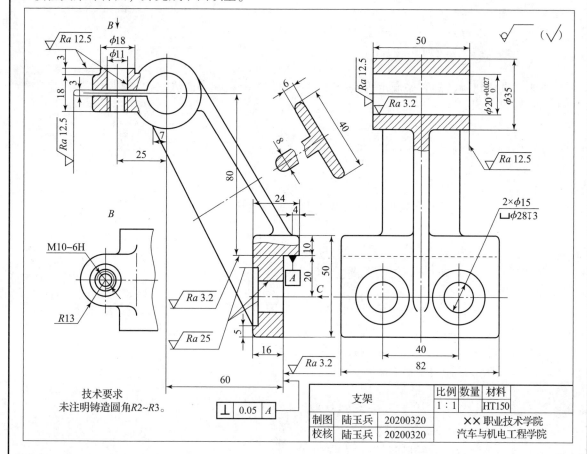

（1）表达该零件所用的一组图形分别为：_____、_____、_____、_____。

（2）该支架零件的连接部分是一个_____形肋板，肋板厚度分别为_____和_____。

（3）M10-6H 螺孔的定位尺寸是_____和_____，φ15 圆孔定位尺寸是_____。

（4）图中尺寸标注 $\phi 20^{+0.027}_{0}$ 的公称尺寸是_____，上极限偏差是_____，下极限偏差是_____，公差值是_____。

（5）在下方空白位置画出 C 向局部视图。

项目七 装配图的画法与识读

任务1：装配图绘制——任务实施

一、任务名称：千斤顶装配图绘制

二、目的、内容和要求

1. 目的

掌握装配图的画法及装配图的规定、特殊画法和简化画法的有关规定等基础知识；掌握绘制装配图的方法与步骤，培养绘制中等及以上复杂程度（大于11种零件）装配图的能力。

2. 内容

根据所给千斤顶装配立体图、零件图及零件明细表，拼画出千斤顶装配图。

3. 要求

(1) 选用 A3 图幅绘制，按 1:1 比例绘图。

(2) 恰当选择装配图的视图表达方案，标注必要的尺寸，编写零件序号，填写标题栏、明细表。

三、绘图步骤及注意事项

1. 绘图步骤

(1) 参阅千斤顶装配轴测图，弄清工作原理，看懂全部零件图。

(2) 确定装配图表达方案，选择主视图和其他视图。

(3) 根据选定的图幅布图、绘制各视图的主要基准线；从主视图开始，依次画出装配图主体零件的外部轮廓；按装配干线的顺序一件一件地将零件画入，可由外向内或由内向外画，完成全部底稿线；校核加深，画剖面线，完成装配图视图绘制。

(4) 尺寸标注，依次标注规格尺寸、装配尺寸、安装尺寸、外形尺寸和其他重要尺寸等。

(5) 撰写技术要求，主要包括装配要求、检验要求、使用要求等。

(6) 编排装配图中各零部件序号。

(7) 填写装配图中的标题栏及明细栏。

2. 注意事项

(1) 装配图中的标准件可在装配轴测图或示意图上注写标记和说明。

(2) 注意装配图上的规定画法，如剖面线的画法，剖视图中某些零件按不剖画法，允许简化或省略的各种画法等。

班级　　　　　　　　　　姓名　　　　　　　　　　学号

任务1：装配图绘制——任务实施

千斤顶的工作原理：
　　千斤顶利用螺旋传动来顶重物，是机械安装或汽车修理常用的一种起重或顶压工具，工作时，绞杠穿在螺杆2上部的圆孔中，转动绞杠，螺杆通过螺套3中的螺纹上升而顶起重物。螺套镶嵌在底座里，用螺钉固定。在螺杆的球面形顶部套一个顶垫，为防止顶垫随螺杆一起转动时不脱落，在螺杆顶部加工一个环形槽，将一紧定螺钉的端部伸进环形槽锁定。

各零件名称、数量、材料等信息明细

序号	零件名称	数量	材料	备注
1	底座		HT200	
2	螺杆	1	45	
3	螺套	1	ZCuAl10Fe3	
4	螺钉 M10×12	1	35	GB/T 73
5	铰杆	1	35	
6	螺钉 M8×10	1	35	GB/T 73
7	顶垫	1	Q275	

班级　　　　　　　　　姓名　　　　　　　　　学号

任务1：装配图绘制——任务实施

1. 底座零件图

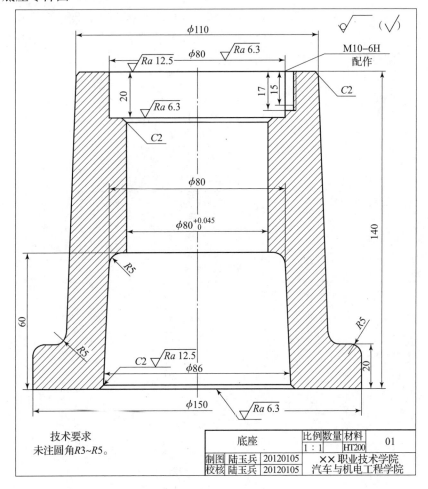

2. 螺杆零件图

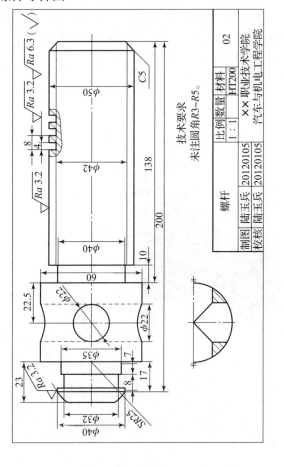

任务1：装配图绘制——任务实施

3. 螺套零件图

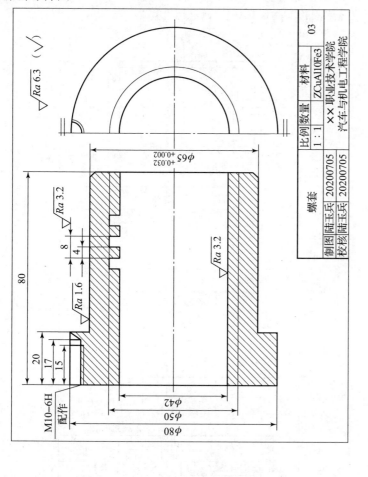

4. 螺钉 M10×12（标准件，为方便绘图，省略查阅标准步骤，此处给出螺钉 M10×12 规定画法）。

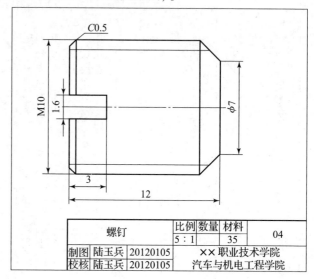

任务1：装配图绘制——任务实施

5. 铰杆零件图

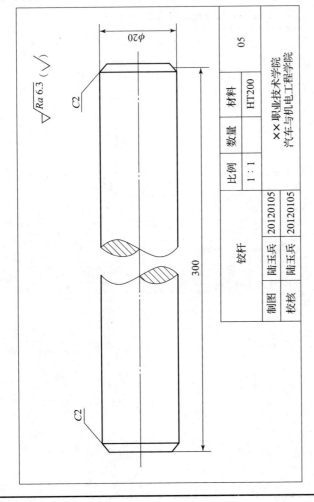

6. 螺钉 M8×10（标准件，为方便绘图，省略查阅标准步骤，此处给出螺钉 M8×10 规定画法）。

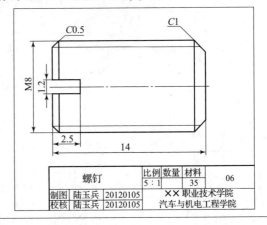

7. 顶垫零件图

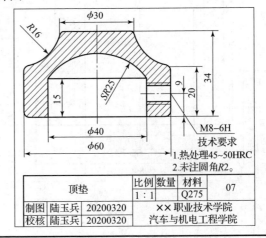

任务1：装配图绘制——基础训练

根据所给机用虎钳装配立体图、零件图及零件明细表，拼画出机用虎钳装配图。

要求：

（1）选用 A3 图幅绘制，按比例 1∶1 绘图。

（2）恰当选择装配图的视图表达方案，标注必要的尺寸，编写零件序号，填写标题栏、明细表。

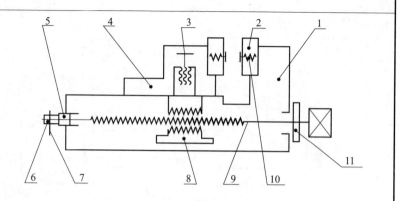

机用虎钳装配示意图

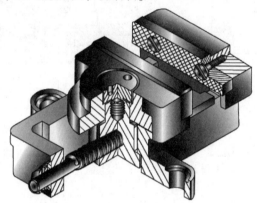

机用虎钳装配立体图

序号	零件名称	件数	材料	备注
1	固定钳身	1	HT200	
2	钳口板	2	45	
3	螺钉	1	Q235A	
4	活动钳身	1	HT200	
5	调整垫圈	1	Q235A	
6	圆环	1	Q235A	
7	圆柱销 2×28	1	35	GB/T 91－2000
8	螺母块	1	Q235A	
9	螺杆	1	45	
10	十字槽沉头螺钉 M6×16	4	Q235A	GB/T 68－2000
11	垫圈	1	Q235A	

班级　　　　　姓名　　　　　学号

任务1：装配图绘制——基础训练

1. 固定钳座零件图

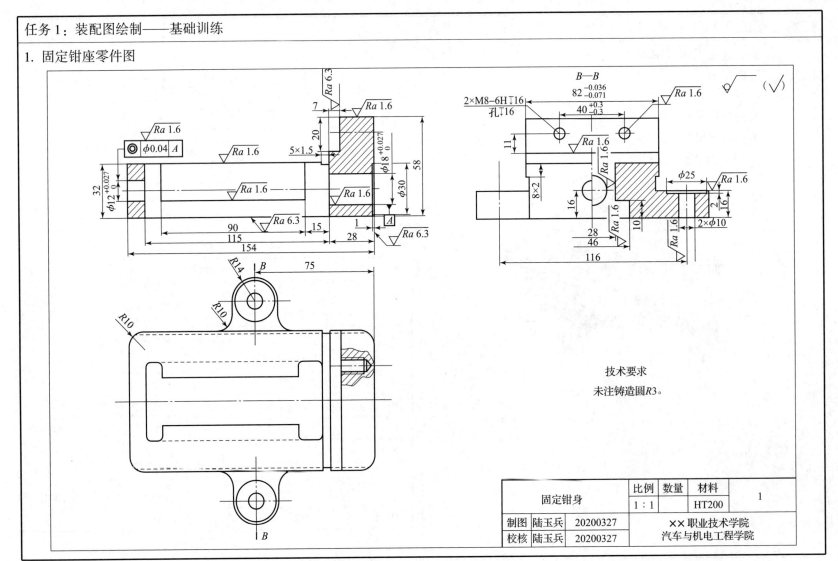

任务1：装配图绘制——基础训练

2. 钳口板零件图

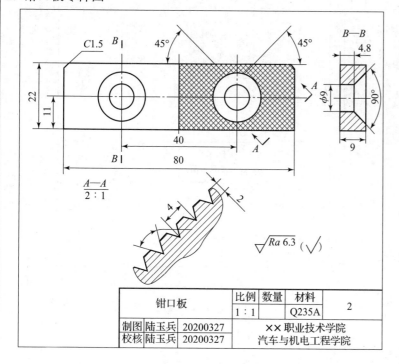

钳口板	比例	数量	材料	2
	1:1		Q235A	
制图	陆玉兵	20200327	××职业技术学院	
校核	陆玉兵	20200327	汽车与机电工程学院	

3. 螺钉零件图

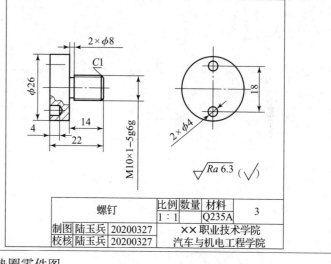

螺钉	比例	数量	材料	3
	1:1		Q235A	
制图	陆玉兵	20200327	××职业技术学院	
校核	陆玉兵	20200327	汽车与机电工程学院	

4. 调整垫圈零件图

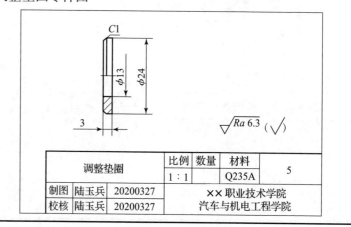

调整垫圈	比例	数量	材料	5
	1:1		Q235A	
制图	陆玉兵	20200327	××职业技术学院	
校核	陆玉兵	20200327	汽车与机电工程学院	

班级　　　　姓名　　　　学号

任务1：装配图绘制——基础训练

5. 活动钳身零件图

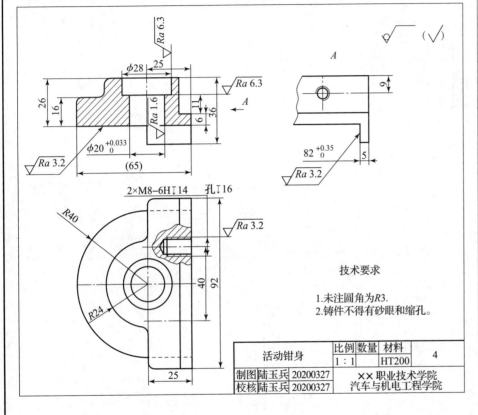

6. 圆环零件图

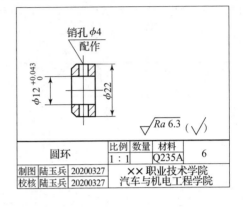

7. 调整垫圈零件图

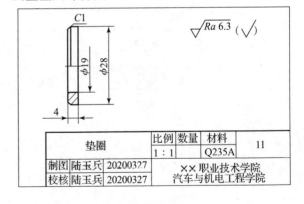

班级　　　　　姓名　　　　　学号

任务1：装配图绘制——基础训练

8. 螺杆零件图

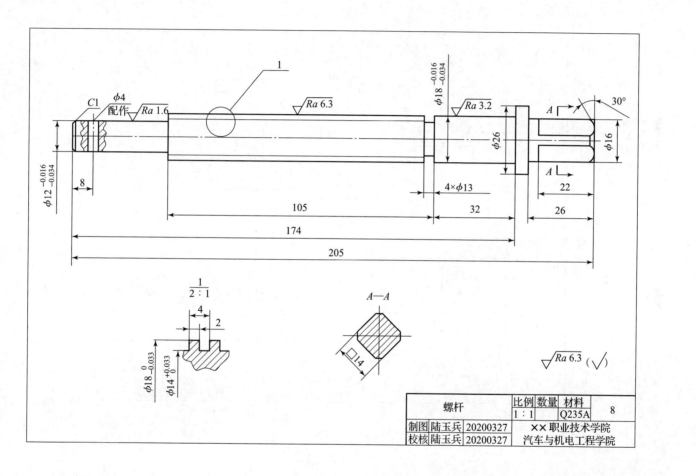

任务1：装配图绘制——基础训练

9. 螺母块零件图

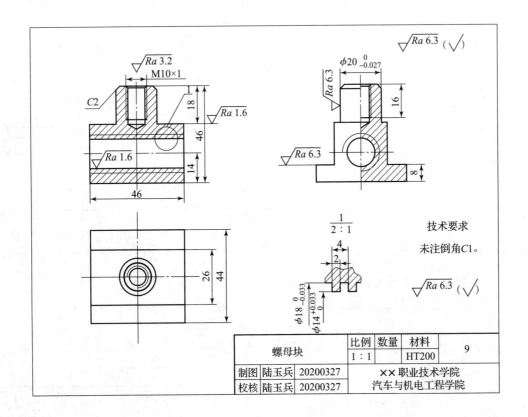

任务2：装配图识读——任务实施

一、任务名称：**千斤顶装配图识读**

二、目的和内容

1. 目的

掌握读装配图的基本要求、方法和步骤，培养识读中等及以上复杂程度（大于11种零件）装配图的能力。

2. 内容

根据所给千斤顶装配图（见下页），读懂装配图并填空。

1. 该装配体的名称是_____，由_____种零件构成，其中标准件_____种。

2. 视图中222～282是装配图中的_____尺寸，$\phi 65H6/k7$是装配图中的_____尺寸，视图中的尺寸8是装配图中的_____零件的_____尺寸，尺寸4是装配图中的_____零件的_____尺寸，$\phi 42$和$\phi 50$是装配图中的_____尺寸，300是装配图中的_____尺寸。

3. 尺寸$\phi 65H6/k7$是_____号件与_____号件的配合尺寸，是_____制的_____配合，其中，$\phi 65$是_____，H6是_____，k7是_____。

4. 零件7顶垫是由_____材料制成的，其作用是_____，零件4螺钉的作用是_____。零件4螺钉和零件6螺钉的作用_____（填"相同"或"不相同"），说明其理由_____。

5. 零件2螺杆上的螺纹是_____螺纹，该螺纹在应用中的主要作用是_____。

6. 逆时针旋转铰杆，将出现的现象是：_____
_____
_____。

7. 在千斤顶装配拆卸过程中，该装配体的拆卸顺序是：_____
_____。

8. 千斤顶的工作原理是：_____
_____
_____。

班级　　　　　　　姓名　　　　　　　学号

任务2：装配图识读——任务实施

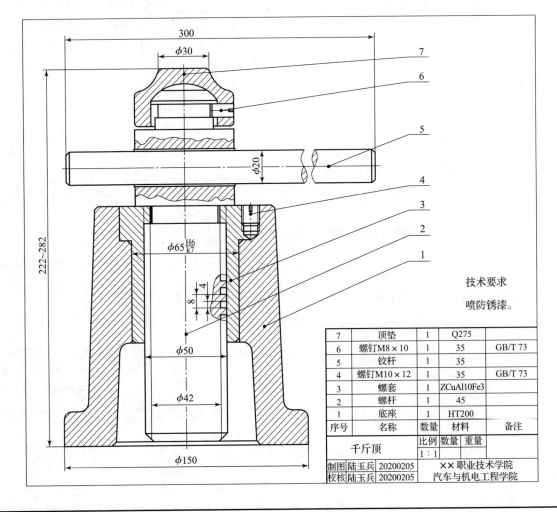

任务2：装配图识读——基础训练

1. 根据所给机用虎钳装配图，读懂装配图并填空。

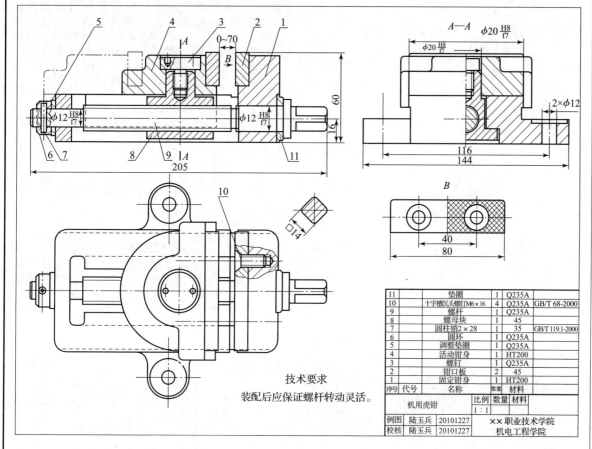

回答问题：

（1）一组视图中，由_____个视图组成，主、俯、左3个基本视图关系清晰，其中主视图采用_____等画法；俯视图采用_____画法；左视图采用_____画法；除此之外，视图表达中还采用了_____和单独零件图画法等表达方法。

（2）机用虎钳规格及最佳工作范围是_____，中心高是_____。

（3）机用虎钳装配图中标注的配合尺寸有_____。

（4）机用虎钳装配图中标注的安装尺寸有_____。

（5）机用虎钳装配图中标注的总体尺寸有_____。

（6）机用虎钳共有_____个零件组成，其中标准件有_____个，名称分别是_____。

（7）尺寸标注2×φ10含义：_____；φ12H8/f7含义：_____。

任务2：装配图识读——基础训练

2. 根据所给齿轮泵装配图，读懂装配图并填空。

齿轮泵工作原理：
当电动机带动主动齿轮轴逆时针方向转动时，运动和动力通过键和主动齿轮轴传递给主动齿轮，主动齿轮又带动从动齿轮旋转，其啮合点（线）把齿轮、泵体和泵盖等形成的密封空间分为两个区域。当齿轮旋转时，一侧油腔两齿轮的轮齿逐渐分离，密封工作容积逐渐增大，形成一定真空，在大气压力作用下，将油压入该油腔。被吸到齿间的油液，随着齿轮旋转而带到另一侧油腔，在此腔中的齿轮是逐渐进入啮合，使密封工作空间逐渐缩小，油压升高，得到的压力油从出油口送到润滑部分。齿轮泵盖上安全阀是通过调节螺杆用来调整弹簧的预压力，以压迫阀门（钢球），使出油口的油压保持正常的工作压力。

回答问题：
(1) 齿轮泵由_____个零件组成，其中有_____个是标准件。
(2) 齿轮泵装配图由_____个图形表达，其主视图是采用_____剖切方法的_____剖视图；主视图上还采用了_____画法，左视图采用_____画法，并有_____处_____剖视。
(3) 装配图的规格尺寸是_____，安装尺寸是_____，整体尺寸是_____，配合尺寸 $\phi 18S7/h6$ 表示_____零件和_____零件之间是_____制配合。
(4) 尺寸标注 Rc1/2 表示是_____螺纹，尺寸代号是_____。
(5) 明细栏中 HT200 表示_____，45 表示_____。
(6) 该齿轮油泵的拆卸顺序是：_____。

班级　　　　　姓名　　　　　学号

项目八 机械零（部）件测绘

任务：齿轮泵测绘——任务实施

一、任务名称：齿轮泵测绘

二、目的和内容

1. 目的

（1）了解制图测绘的目的、任务、内容与步骤，掌握常用机械零（部）件测绘工具和仪器的使用方法，进一步提高机械制图应用能力，培养机械零（部）件测绘基础能力和良好的绘图习惯。

（2）掌握使用拆卸工具拆卸中等及以上复杂程度装配体和使用常用测量工具测量零（部）件尺寸的方法，掌握根据测量结果绘制装配图及其全部零件图的方法，初步培养学生的工程应用能力和设计制图能力。

2. 内容

根据所给齿轮泵实物，完成其全部零部件测绘，具体任务如下。

（1）齿轮泵装配图1张（2号图纸）。
（2）齿轮泵各零件草图（标准件不画，3号或4号图纸）。（3）齿轮泵各零件工作图（3号或4号图纸）。（4）齿轮泵制图测绘说明书、制图测绘总结各1份。

三、齿轮泵工作原理

齿轮泵是一种为机器提供润滑油的部件。当电动机带动主动齿轮轴转动时，主动齿轮轴带动从动齿轮轴转动，油液通过齿轮进油孔吸入，再经过两齿轮的挤压产生压力油，最后通过出油孔流出。

四、参考资料

1. 齿轮泵装配示意图（见图1）。
2. 齿轮泵结构分解图（见图2）。

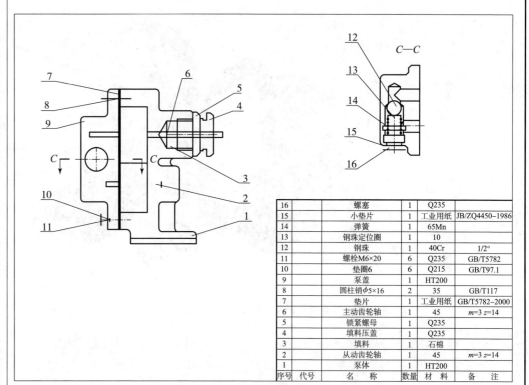

图1 齿轮泵装配示意图

16		螺塞	1	Q235	
15		小垫片	1	工业用纸	JB/ZQ4450-1986
14		弹簧	1	65Mn	
13		钢珠定位圈	1	10	
12		钢珠	1	40Cr	1/2°
11		螺栓M6×20	6	Q235	GB/T5782
10		垫圈6	6	Q215	GB/T97.1
9		泵盖	1	HT200	
8		圆柱销$\phi 5\times 16$	2	35	GB/T117
7		垫片	1	工业用纸	GB/T5782-2000
6		主动齿轮轴	1	45	$m=3\ z=14$
5		锁紧螺母	1	Q235	
4		填料压盖	1	Q235	
3		填料	1	石棉	
2		从动齿轮轴	1	45	$m=3\ z=14$
1		泵体	1	HT200	
序号	代号	名称	数量	材料	备注

班级　　　　姓名　　　　学号

任务：齿轮泵测绘——任务实施

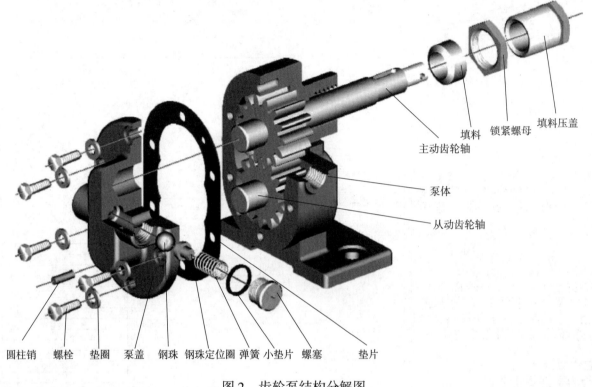

图2　齿轮泵结构分解图

参考文献

[1] 刘朝儒，吴志军，等. 机械制图习题集（第4版）[M]. 北京：高等教育出版社，2006.

[2] 杨铭. 机械制图习题集（第2版）[M]. 北京：机械工业出版社.

[3] 包玉梅，周雁丰. 机械制图与CAD基础习题集（第2版）[M]. 北京：机械工业出版社，2019.

[4] 钱可强，姜尤德. 机械制图习题集（多学时）（第2版）[M]. 北京：机械工业出版社，2016.

[5] 彭晓兰. 机械制图习题集（第2版）[M]. 北京：高等教育出版社，2018.

[6] 王萍，王昶. 机械制图习题集（第2版）[M]. 北京：电子工业出版社，2015.